Albrecht Müllerschön

Als Führungskraft
erfolgreich starten

W0072852

IHK-Akademie
München.Westerham

IHK für München und Oberbayern

www.akademie.ihk–muenchen.de

Dr. Albrecht Müllerschön

Als Führungskraft erfolgreich starten

Anregungen, konkrete Tipps, Checklisten/Tests und Übungen für den Führungsalltag

3., durchgesehene Auflage

Reihe Westerham Band 12

Bibliografische Information Der Deutschen Bibliothek

Die Deutsche Bibliothek verzeichnet diese Publikation
in der Deutschen Nationalbibliografie;
detaillierte bibliografische Daten sind im Internet über
http://dnb.d-nb.de abrufbar.

Bibliographic Information published by Die Deutsche Bibliothek

Die Deutsche Bibliothek lists this Publication
in the Deutsche Nationalbibliografie;
detailed bibliographic data are available in the Internet at
http://dnb.d-nb.de .

ISBN 978-3-8169-2839-3

3., durchgesehene Auflage 2009
2., völlig überarbeitete und erweiterte Auflage 2006
1. Auflage 2004

Bei der Erstellung des Buches wurde mit großer Sorgfalt vorgegangen; trotzdem können Fehler nicht
vollständig ausgeschlossen werden. Verlag und Autoren können für fehlerhafte Angaben und deren
Folgen weder eine juristische Verantwortung noch irgendeine Haftung übernehmen.
Für Verbesserungsvorschläge und Hinweise auf Fehler sind Verlag und Autoren dankbar.

© 2004 by expert verlag, Wankelstr. 13, D-71272 Renningen
Tel.: +49 (0) 71 59-92 65-0, Fax: +49 (0) 71 59-92 65-20
E-Mail: expert@expertverlag.de, Internet: www.expertverlag.de
Alle Rechte vorbehalten
Printed in Germany

Herausgeber-Vorwort

„Kompetenz für Ihren Erfolg" – dieses Motto steht für mehr als 700 Fachseminare und Managementtrainings sowie rund 150 Inhouse-Trainings und Einzelcoachings, die die IHK-Akademie München Westerham jährlich durchführt. Dieses Motto und diesen Anspruch stellen wir auch vor diese Fachbuchreihe, die unter der Herausgeberschaft der IHK Akademie steht.

Die IHK-Seminare zeichnen sich durch ihre große Praxisnähe aus und sind genau auf die Anforderungen in den Betrieben abgestimmt. Mit einer breiten Themenpalette aus den Bereichen Mitarbeiterführung, Methodentraining, Betriebswirtschaft, Technik, IT und Existenzgründung ist die IHK-Akademie kompetenter Partner vor allem für die klein- und mittelständischen Unternehmen. Unser Ziel ist es, im engen Austausch mit Wirtschaft und Wissenschaft den Transfer von Expertenkompetenz und Wissen in die Betriebe zu leisten.

Entscheidend für erfolgreiche und effiziente Bildungsarbeit sind die erfahrenen Trainer mit ihrem Können, ihrer Erfahrung und ihrem Wissen. Sie sind für die Kompetenzvermittlung verantwortlich und erarbeiten mit den Seminarteilnehmern Lösungen für Problemstellungen in den Betrieben.

Mit unserer Fachbuchreihe wollen wir den Praxistransfer unterstützen und stellen deshalb den Lesern kompaktes Know-How von Trainer-Experten zu praxisrelevanten Themen zur Verfügung.

Nutzen Sie dieses Fachbuch als Begleitlektüre, zum Nachlesen oder zur Vertiefung Ihrer Kompetenz.

Wir wünschen Ihnen bei der Lektüre dieses Buches viele interessante Einblicke und neue Erkenntnisse.

Dr. Stefan Loibl
Geschäftsführer
IHK Akademie
München.Westerham

Vorwort zur ersten Auflage

Mit diesem Buch möchte ich Sie einladen, Ihr persönliches Führungsverhalten zu reflektieren und neue Verhaltensweisen bzw. neue „Skills" kennenzulernen und zu trainieren. Zu einem erheblichen Teil werden Ihnen die Inhalte, Techniken und Theorien klar und logisch erscheinen, da sie zu Ihrem Alltagsdenken bereits gehören, Ihnen allerdings noch nicht bewusst sind. Zum Teil werden Ihnen die Inhalte jedoch neu und eventuell sogar fremd erscheinen. Gerade dann ist es besonders wichtig, sie kritisch zu reflektieren und ihre Wirksamkeit in der Praxis zu überprüfen. Besonders in Ihrer jetzigen Situation mit neuen Verantwortungen gilt es, möglichst schnell Sicherheit zu erhalten. Diese Sicherheit ist zum einen von Ihrem Vertrauen in Ihre bereits vorhandenen Fähigkeiten und zum anderen von speziellen Führungstechniken und Ihrem Wissen abhängig. Ich empfehle Ihnen, erst einmal davon auszugehen, dass Sie ein erhebliches Maß an Kompetenz besitzen und die notwendige Performance zeigen, da man Ihnen sonst den Job als Führungskraft nicht zutrauen würde. Dieses Zutrauen in die eigenen Fähigkeiten ist wichtig, um auch schwierige Situationen erfolgreich und spontan bewältigen zu können. Wir würden jede Lebendigkeit und Überzeugungskraft verlieren, wenn wir jedes Wort, jeden Satz und auch noch die Ausdrucksweise bewusst und wohl überlegt von uns geben würden.

Meine Hauptabsicht mit diesem Buch ist es, Sie dabei zu unterstützen, immer klarer, flexibler und wirkungsvoller in Ihrem Führungsverhalten zu werden. Es geht um eine natürliche Weiterentwicklung einer Sache, die Sie zu einem gewissen Teil schon beherrschen. Es ist aber auch wichtig, von Beginn an, kritisch mit sich selbst zu sein – und zwar deshalb, damit sich keine ungeeigneten oder störenden Verhaltensweisen einschleichen, die Sie später nur mit viel Mühe wieder verlernen würden.

Mein Ziel ist es, Ihnen so viele Ideen und Anregungen wie möglich zu geben, damit Sie Ihr Führungs- und Kommunikationsverhalten weiterentwickeln können, Ihnen Ihre neue Verantwortung Spaß macht und Sie zusammen mit Ihren Mitarbeiterinnen und Mitarbeitern erfolgreich sind.

Das Auswahlkriterium für die Inhalte ist ein ganz pragmatisches: Ich werde Ihnen Theorien und Techniken vorstellen, die Sie direkt anwenden können und die Sie mit etwas Übung ganz einfach in Ihr tägliches Verhalten einbauen können.

Sie erfahren nur so viel über Theorien, wie Sie benötigen, um den Sinn der Inhalte zu verstehen. Insgesamt handelt es sich um ein Praxisbuch, das Ihnen hilft, Ihre eigene Führungskompetenz weiter auszubauen, um so noch mehr Erfolg zu haben.

Vorwort zur Neuauflage

Aufgrund des großen Erfolges habe ich mich motivieren lassen, das Buch vollständig zu überarbeiten um so neue persönliche Erfahrungen einfließen zu lassen und Anregungen von Kollegen, Lesern und Seminarteilnehmern zu integrieren.

Mir ist in den letzten 16 Monaten noch deutlicher geworden, wie wichtig eine klare Zielorientierung von Führungskräften ist und wie ausschlaggebend Sie selbst als Führungskraft für den gesamten Teamerfolg sind. Ich möchte Ihnen hier ein Beispiel darstellen. Einer meiner Mitarbeiter führt im Moment bei einer großen Betriebskrankenkasse in Deutschland ein Training durch, bei dem die Mitarbeiter u.A. zum Thema: „Kostenbewusstsein im Umgang mit Kassenmitgliedern" geschult werden. Hier zeigt sich, dass diese Trainingsmaßnahme in all den Niederlassungen erfolgreich ist, in denen auch die Niederlassungsleiter erfolgreich sind und ein qualifiziertes Verständnis von Führung haben. Dies sind Führungskräfte, die wissen wohin sie das Team führen möchten, sich klar positionieren und sich dafür einsetzen, dass Entscheidungen auch wirklich umgesetzt werden und von Mitarbeitern Leistung einfordern. Bei einigen Niederlassungen, bei denen die Führungskraft in Kritik geraten ist, (keine konsequente Führung, unangenehme Themen werden ignoriert, Ausreden von Mitarbeitern werden akzeptiert usw.) hatte das Training weit weniger Erfolg. Das heißt, dass dort die angestrebten Trainingseffekte nur z.T. erreicht wurden.

Mir ist darüber hinaus nochmals besonders deutlich geworden, wie schwer es manche junge Führungskräfte, besonders in den ersten Monaten, haben. Dies ist zum einen davon abhängig wie die neue Führungskraft von der Leitungsebene auf den Aufgabenwechsel vorbereitet wurden und natürlich auch davon wie viel Konkurrenz der Neue hat und wie gut der/die Neue persönliche und direkte Angriffe oder auch nur unterschwellige Boykotthaltungen wegstecken können. Ich möchte an dieser Stelle betonen, dass Sie in dem Moment in dem Sie offiziell die Führung übernommen haben, damit automatisch Disziplinargewalt haben. Dies hat zur Konsequenz, dass sich Mitarbeiter, ohne dass Sie sich geändert haben, bereits verändern. Manche Mitarbeiter reagieren mit Neid, andere profilieren sich und loten ihre neue Position aus, manche freuen sich mit Ihnen und wieder andere reagieren mit vorauseilendem Gehorsam. Vieles davon ist nicht wirklich rational zu lösen. Es gibt viele Situationen die es einfach nur zu ertragen gilt. Erst in dem Moment, in dem Sie feststellen, das Ihre Handlungsfähigkeit oder die Leistungsfähigkeit im Team gefährdet ist, müssen Sie reagieren. Mögliche Lösungsansätze finden Sie in diesem Buch.

Wie arbeiten Sie mit diesem Buch?

Sie haben zum einen die Möglichkeit, das ganze Buch von vorne bis hinten zu lesen. Dann können Sie sicher sein, dass Sie die Basis und alle wichtigen Skills kennen lernen und in der Praxis anwenden können.

Sie haben aber auch die Möglichkeit, immer nur ein für Sie jeweils interessantes Kapitel zu lesen. Dieses Buch ist so geschrieben, dass die Kapitel alle unabhängig von einander zu verstehen sind.

Für Schnellleser bietet es sich an, immer nur das Kursivgedruckte zu lesen. Das Kursivgedruckte verdeutlicht immer die wesentlichen Kerninhalte des jeweiligen Kapitels und ist gleichzeitig eine gute Zusammenfassung der konkreten Inhalte.

Ich wünsche Ihnen viel Spaß beim Lesen und Üben.

Dr. Albrecht Müllerschön
Führungskräftecoach und Trainer
www.muellerschoen-focus.de

Inhaltsverzeichnis

1. Wie bewältige ich die ersten Tage in meiner neuen Position?

1.1.   Ich übernehme als Führungskraft meine bisherige Abteilung
1.2.   Ich steige als Führungskraft in einem neuen Betrieb ein

Der erste Eindruck bestimmt Ihren Einstieg als Führungskraft

Sie kennen alle die Situation, dass Sie jemanden kennenlernen und diese Person sofort sympathisch oder unsympathisch finden.
Dieses „Sich spontan sympathisch finden" lässt sich nur bedingt beeinflussen. Der Eindruck ist wichtig und entsteht nur auf Grund von Äußerlichkeiten, sowohl was die Kleidung als auch das Verhalten betrifft.
Deshalb ist es wichtig, dass Ihre persönliche Kleidung der neuen Situation angemessen ist (siehe hierzu in diesem Kapitel „Wie soll ich mich kleiden"). Dieser erste Eindruck, und natürlich auch Ihre persönliche Einstellung, z.B. zu Ihrer persönlichen Kompetenz, aber auch zu der der Mitarbeiter, bestimmt mit, was Sie persönlich ausstrahlen. Ihre Mitarbeiter werden dann wiederum darauf reagieren.

Wichtig ist, wie souverän und glaubwürdig Sie die ersten Tage bewältigen, welchen Eindruck Sie hier hinterlassen und wie qualifiziert Sie sich in dieser Phase verhalten.
Diese Erfahrung wird die Mitarbeiter in eine positive oder kritische Haltung Ihnen gegenüber bringen und dadurch mit darüber bestimmen, wie erfolgreich Sie den Start bewältigen werden.
Genau damit beschäftigen wir uns auf den nächsten Seiten.

Tipps und Regeln

Tipp 1: Konzentrieren Sie sich auf die positiven Merkmale bei Ihren Mitarbeitern.

Tipp 2: Prüfen Sie Ihre Haltung gegenüber den neuen Mitarbeitern. Sehen Sie diese als Ihre neuen Kollegen? Als jemanden, der für Sie bedrohlich ist? Als Menschen, die für Sie persönlich zur Verfügung stehen müssen? Fühlen Sie sich selbst als Führungskraft, die gerne mit anderen zusammen arbeiten möchte, oder sehen Sie sich als Vorgesetzter?

Tipp 3: Machen Sie sich bewusst, dass man Ihnen den neuen Job zutraut, und geben Sie sich eine Chance, Erfahrungen sammeln zu können. Nehmen Sie sich kurz Zeit und listen Sie Ihre Stärken auf:

1. ....   4. ....

2. ....   5. ....

3. ....   6. ....

1.1. Ich übernehme als Führungskraft meine bisherige Abteilung

Für die meisten Führungskräfte wird der Schritt, die ehemaligen Kolleginnen und Kollegen als Mitarbeiter zu übernehmen, als der schwierigste erlebt. Sie sind z.T. „Neidern" ausgesetzt, die gerne selbst diese Stelle erhalten hätten. Sie haben bei Ihren ehemaligen Kollegen bereits einen klaren Eindruck hinterlassen und deshalb ist *vielleicht die schwierigste Frage für Sie: Darf ich es mir erlauben, mich zu verändern, mich weiterzuentwickeln, neue Verhaltensformen anzunehmen, um der neuen Aufgabe gerecht zu werden?*

Hier geht es um die Frage, wie Sie die neue Rolle als Führungskraft ausfüllen. Dabei werden Sie mit Ihrem Vorgänger verglichen, man wird Ihnen vermutlich auch immer wieder vorhalten, dass es der Vorgänger oder die Vorgängerin ganz anders und besser gemacht hat. Dies wird auch bei Ihnen immer wieder Unsicherheiten auslösen. Genau dies ist aber die Chance, dass Sie gezwungen werden, sich darüber Gedanken zu machen, wie Sie Ihre neue Aufgabe bewältigen werden. Haben Sie den Mut, in der gegebenen Situation das zu tun, was Sie für richtig und angemessen halten.

Sie werden in Ihrer neuen Position spüren, dass Ihre ehemaligen Kolleginnen und Kollegen Ihnen gegenüber vorsichtiger werden, dass Sie jetzt nicht mehr eine/einer von ihnen sind, da Sie Disziplinarmacht über sie besitzen.

Tipps und Regeln

Tipp 1:   Verurteilen Sie nichts, was Ihr Vorgänger oder Ihre Vorgängerin gemacht hat.
Tipp 2:   Bleiben Sie möglichst natürlich und fair. Tun Sie das, was Sie für richtig erachten.
Tipp 3:   Bleiben Sie in der Sache bestimmt, im Umgang freundlich.
Tipp 4:   Erlauben Sie sich selbst, noch lernen zu dürfen.

Wie gestalte ich die ersten Tage als neue Führungskraft?

Eine wesentliche Basis für Ihre Beförderung war Ihre fachliche Kompetenz. Deshalb sollten Sie sich nun auf Ihre neue Aufgabe als Führungskraft besinnen.

Tipps und Regeln

Tipp 1:   Konzentrieren Sie sich am Anfang weniger auf Veränderungen der Mitarbeiter, sondern gemeinsam auf die neuen Aufgaben, die zu bearbeiten sind.

Sie provozieren sonst damit massiven Widerstand. Außerdem sind notwendige persönliche Entwicklungen bei Mitarbeitern auch stark von den Aufgaben abhängig, die diese in Zukunft realisieren müssen.

Weshalb ist ein baldiges Gespräch mit Ihrem eigenen Vorgesetzten sehr wichtig?
Falls das nicht schon im Rahmen Ihrer Beförderung geschehen ist, sollten Sie mit Ihrer eigenen Führungskraft in den ersten Tagen nach der Beförderung ein ausführliches Gespräch über Ihre neuen Aufgaben, Ihre neuen Ziele und den Stärken und Schwächen der Abteilung, führen.

Tipps und Regeln

Tipp 1:   Ohne klare Zielabsprache mit Ihrer eigenen Führungskraft können Sie nicht wirksam arbeiten und führen.

In den ersten Gesprächen mit Ihrer Führungskraft sollten Sie inhaltlich mindestens folgende Punkte klären:
- Was sind die inhaltlichen Ziele der Abteilung?
- Wo sollten Schwerpunkte gesetzt werden?

- Welche Kompetenzen genau habe ich als Führungskraft?
- Was sollte in dieser Abteilung verbessert werden?
- Was läuft aus Sicht der eigenen Führungskraft gut?
- Wo sind die Stärken und Schwächen der Mitarbeiter?

Tipps und Regeln

Tipp 1: *Vereinbaren Sie für das erste Gespräch mit Ihrer Führungskraft einen Termin, bei dem Sie ohne Zeitdruck in Ruhe Ihre
vorbereiteten Fragen klären können.*

Tipp 2: *Sind Sie selbst klar und lassen Sie sich nicht einschüchtern.*

Tipp 3: *Haben Sie den Mut, unbequem zu sein. Lieber jetzt nachfragen
und abklären, als später immer wieder „stören".*

Tipp 4: *Achten Sie darauf, dass die Vorgaben und Erwartungen konkret, also messbar sind.*

Tipp 5: *Vereinbarte Ziele und Schwerpunkte sollten realistisch und
herausfordernd sein.*

Was sage ich am ersten Arbeitstag als Führungskraft meinem Team?

Idealerweise haben Sie bis zu Ihrem ersten Arbeitstag mit Ihrer eigenen Führungskraft Ihre Ziele usw. geklärt.
Meistens werden Sie von Ihrem eigenen Vorgesetzten am ersten Tag den e-
hemaligen Kollegen und jetzigen Mitarbeitern vorgestellt. Versuchen Sie es,
auf jeden Fall zu vermeiden, dass Sie dies selbst tun. In der Praxis würde sich
dies dann ungefähr wie folgt anhören.
„Liebe Kollegen, Sie haben vermutlich schon gehört, dass ich ab jetzt Ihre
neue Führungskraft bin. Ich möchte ganz gerne ..."
Dieses – sich selbst Vorstellen – funktioniert, solange Sie fachlich hoch kompetent sind und dies nicht in Frage gestellt wird. Dies funktioniert auch dann,
wenn Sie vorher schon der informelle Führer waren.
Dies funktioniert auf keinen Fall, wenn ein Mitarbeiter im Team oder der Abteilung selbst gerne Ihre Stelle übernommen hätte. Dies funktioniert auch
dann nicht mehr, wenn Sie unangenehme Entscheidungen treffen wollen. Spä-
testens dann brauchen Sie eine „offizielle Ermächtigung", dies zu tun.
Ich erlebe in der Praxis immer wieder, dass die neu ernannte Führungskraft
nicht mit der notwendigen Kompetenz und Macht zum Führen ausgestattet ist.
Dies führt bei der neuen Führungskraft zu Frust und Hilflosigkeit in schwierigen Situationen und bei den Mitarbeitern zu Unsicherheit. Als Folge davon
sind Konflikte vorprogrammiert.
Nachdem Sie durch Ihre Führungskraft bzw. der Geschäftsleitung eingeführt
wurden, erwarten Ihre Mitarbeiter von Ihnen eine persönliche Stellungnahme
zu dieser neuen Situation. Sie könnten z.B. folgendes sagen:

Formulierungs-Beispiel:

Es hat lange gedauert, bis die Nachfolge von Frau Maier geklärt war. Ich freue mich, dass ich nun die Aufgabe als Leiter der Abteilung „XY" übernehmen darf.
Die Zusammenarbeit zwischen uns war in der Vergangenheit sehr gut und ich hoffe, dass dies in der Zukunft auch so bleiben wird.
Es gibt einige Themen, über die wir z.T. schon in der Vergangenheit gesprochen haben und die ich gerne gemeinsam mit Ihnen konkret in Angriff nehmen möchte. Es gibt auch Erwartungen und Aufgaben meines Vorgesetzten, die neu und wichtig für uns sind. Diese Aufgaben sind eine Herausforderung, mit der wir die Bedeutung unserer Abteilung verbessern können.
Mir ist es wichtig, dass wir in Zukunft gemeinsam und engagiert zusammenarbeiten und auch das gegenseitig leben, was wir im Umgang mit unseren Kunden praktizieren. Ich möchte den Anspruch, den wir an uns selbst stellen, zunehmend verbessern, so dass wir beim Kunden mehr Erfolg und selbst noch mehr Spaß beim Arbeiten haben.
Damit wir dies erreichen können, werden wir immer wieder in Teambesprechungen darüber reden. Mir ist es auch wichtig, die persönliche Sichtweise jedes Einzelnen zu hören, weshalb ich in den nächsten Tagen mit jedem von Ihnen ein persönliches Gespräch führen werde.

Wie führe ich die ersten Gespräche mit meinen Mitarbeitern?

Genauso wie Sie wissen wollen, was Ihr Vorgesetzter von Ihnen erwartet, interessiert natürlich auch Ihre Mitarbeiter, wie Sie sich die Zusammenarbeit in der Zukunft vorstellen und welche Erwartungen Sie an jeden Einzelnen haben. Deshalb sollten Sie, wenn Sie die Ziele usw. mit Ihrer Führungskraft abgesprochen haben, möglichst bald mit Ihren Mitarbeitern über die Zusammenarbeit, die Aufgaben und Ziele reden. Zum ersten Gespräch laden Sie Ihre Mitarbeiter persönlich ein. Damit auch sie/er sich vorbereiten kann, kündigen Sie an, worüber Sie mit ihr/ihm sprechen werden.
Falls Sie erfahren, dass sich ein Kollege mit Ihrer Beförderung nicht abfinden kann, weil er z.B. der Meinung ist, dass er für diese Position der richtige gewesen wäre, dann sprechen Sie dies direkt an. Sie sollten dabei deutlich machen, dass die Firmenleitung sich für Sie entschieden hat und dass dafür sicherlich nicht nur Kompetenzen ausschlaggebend sind, sondern immer wieder auch persönliche Vorlieben der Leitung. Sie sollten dieses Thema ansprechen, damit es nicht „im Untergrund" Ihre Beziehung stört. Sie können für die Enttäuschung des ehemaligen Kollegen Verständnis zeigen, aber die Situation nicht ändern. Wenn sich der ehemalige Kollege damit nicht abfinden kann, dann ist es notwendig, dass einer der Entscheidungsträger mit diesem jetzigen Mitarbeiter spricht. Sie selbst sollten sich auf keinen Fall rechtfertigen.
Solch ein Thema anzusprechen, ist schwierig. Bedenken Sie jedoch, dass alles, was Sie jetzt nicht ansprechen, immer zwischen Ihnen liegen wird.

Binden Sie diesen Mitarbeiter mit ein. Nutzen Sie seine Erfahrungen und werten Sie ihn dadurch auf.

Falls sich die Situation, trotz Gespräch auch mit der Leitung, nicht entspannen sollte, sollten Sie den Mitarbeiter versetzen oder sich ganz von ihm trennen.

Tipps und Regeln

Wichtige Punkte und Inhalte beim ersten Gespräch mit Ihrem Mitarbeiter sind:

Tipp 1:   *Positive, ungestörte Atmosphäre schaffen*
Tipp 2:   *Locker (und mit Small Talk, falls es Ihnen danach zumute ist) beginnen*
Tipp 3:   *Inhalte, Ziele und Zeitrahmen des Gesprächs festlegen*
Tipp 4:   *Was sind die Ziele unserer Abteilung?*
Tipp 5:   *Wo liegen die Schwerpunkte?*
Tipp 6:   *Was ist Ihnen als Führungskraft wichtig? Worauf legen Sie Wert?*
Tipp 7:   *Wie können wir die Zusammenarbeit zur aller Zufriedenheit gestalten?*
Tipp 8:   *Was ist für den Mitarbeiter wichtig?*
Tipp 9:   *Was sollte verbessert werden?*
Tipp 10: *Was kann ich als Führungskraft tun, damit Sie Ihre Arbeit besser erledigen können?*
Tipp 11: *Welche Fragen hat der Mitarbeiter?*

Formulierungs-Beispiel:

Hallo Herr/Frau Mitarbeiter/in, die jetzige Situation ist für mich wie auch für Dich/Sie noch ungewohnt.
Ich möchte mit Ihnen im ersten Schritt heute klären, wo ich die Schwerpunkte und Ziele unserer Arbeit sehe und wie wir diese gemeinsam erreichen können.

Außerdem möchte ich mit Ihnen im zweiten Schritt besprechen, wie wir optimal zusammenarbeiten und uns gegenseitig ergänzen und unterstützen können.
Ich stelle mir vor, dass wir uns hierfür ca. 1 ½ Stunden Zeit nehmen.
Wir kennen die Situation beide sehr gut.
Die Aufgaben unserer Abteilung sind xyz. Ich habe jetzt mit meiner Führungskraft die Ziele ABC vereinbart. Dies bedeutet, dass wir bis Ende des Jahres folgendes erreicht haben müssen ...

Heute möchte ich gerne mit Ihnen gemeinsam klären, was wir hierfür konkret tun müssen.

Welche Ideen/Vorschläge haben Sie (Mitarbeiter) zur Lösung?

Ich (als Führungskraft) schlage folgendes (ergänzend) vor:

Wo sehen Sie außerdem Punkte, die wir verändern müssten?

Was ist Ihnen beim Arbeiten wichtig?

Ich möchte auch Ihnen sagen, was mir beim Arbeiten besonders wichtig ist:

.

.

Soll ich nun zu meinen bisherigen Kollegen „Sie" sagen?

Ganz klar: Nein!

Stellen Sie sich die umgekehrte Situation vor. Wie würden Sie reagieren, wenn Sie in der Situation des Mitarbeiters wären und Ihre Führungskraft nach 5-jähriger Zusammenarbeit jetzt das „Sie" einfordern würde? Vermutlich sind Sie auch der Meinung, dass sich solch eine Führungskraft lächerlich machen würde.

Ich empfehle Ihnen, dass Sie sich hier stark auf Ihr Gefühl verlassen. Dies gilt auch für die Situation, dass Sie einen neuen Mitarbeiter bekommen und Sie ihn nicht sofort „Duzen" wollen. Bieten Sie ihm das Du dann an, wenn Sie es möchten, auch wenn Sie dadurch Unterschiede machen. Falls es nicht zur Firmenkultur gehört, jeden in der Firma zu „Duzen", dann hat das sich „Duzen" Zeit.

Sie können dadurch auch eine eventuell für beide Seiten, peinliche Situation vermeiden. Stellen Sie sich vor, der Mitarbeiter würde das Angebot auf „Du" abschlagen. Oder wenn man sich realistisch die Frage stellt: Kann der Mitarbeiter überhaupt ablehnen, wenn Sie ihm das „Du" anbieten?

Für die Praxis ist es wichtig, dass mit dem „Du" keinerlei Vorteile verbunden sind und Sie dies nicht mit persönlichen Privilegien verbinden.

Bei der Frage nach dem „Duzen" oder „Siezen", geht es um die Frage der Macht, ganz besonders aber um das Thema „emotionale Nähe und Distanz".

Obwohl wir als Menschen soziale Wesen sind, brauchen wir Distanz. Zu viel Nähe macht unzufrieden oder sogar aggressiv. Das merken wir, vor allem dann, wenn wir gestresst sind oder uns entspannen wollen. Wenn wir dann gestört werden, reagieren wir schnell gereizt. Jede Kultur hat zur Steuerung der sozialen Nähe ganz besondere Mechanismen. Diese Mechanismen sind in unsere Kultur u.A. das „Du" und das „Sie". Kulturen die im Sprachgebrauch nur das „Du" kennen, regeln diese Balance von Nähe und Distanz über andere Mechanismen. Im Führungsalltag ist der Grad an sozialer Nähe schnell mit der Frage der Macht verknüpft.

Lässt sich ohne Macht führen?

Der Begriff Macht ist sehr negativ besetzt, so dass diese immer wieder abgelehnt wird. Die ersten Erfahrungen, die wir mit Macht machen, stammen aus der frühesten Kindheit, setzt sich dann mit den Lehrern in der Schule fort und schließlich wieder am Arbeitsplatz.
Wie sich bereits sehr früh bei der Erziehung von Kindern beobachten lässt, gibt es viele Situationen, die nur aus der Machtposition heraus gelöst werden können. Kinder die man nur über Einsicht erziehen möchte, wirken schnell altklug. Es geht bei der Erziehung nicht um die Frage „Macht" oder „Einsicht", sondern in welcher Balance stehen diese zwei Verhaltensstile zueinander? Beides ist notwendig!
So ist es auch im Berufsalltag. Führen funktioniert sehr gut über Einsicht. Führen funktioniert über Einsicht jedoch nur begrenzt. Führen funktioniert nicht mehr über Einsicht, wenn sich ein Mitarbeiter (nur noch) destruktiv verhält oder das Team unterschiedliche Meinungen hat und Sie als Verantwortliche/r eine Entscheidung treffen müssen. Um dies deutlich zu machen, hierzu ein Beispiel.
Sie kennen Diskussionen und Besprechungen, die sich im Kreis drehen, und eine einheitliche Meinung nicht zu erreichen ist. In diesen Situationen wünschen wir uns, dass die eigene Führungskraft endlich eine Entscheidung trifft. Solche Entscheidungen sind ohne Macht nicht möglich.

Sie brauchen zum Führen Macht!

Macht wird dann als unangenehm erlebt, wenn sie zum einseitigen Verfolgen von persönlichen Interessen verwendet wird.

Macht im Führungsalltag basiert auf drei Säulen

Macht und Führungserfolg stehen auf 3 Säulen

Fachliche Qualifikation	Hierarchie	Führungskompetenz

Welche dieser Säulen der Macht ist für Ihren Führungserfolg die wichtigste? Diese Frage lässt sich sehr gut beantworten.

Aus einer unserer großen Untersuchung im Jahre 2002, wurde bei mehreren Firmen über verschiedene Branchen hinweg, von vielen Personalentwicklern mit Schrecken festgestellt, dass Mitarbeiter unter anderem die mangelnde fachliche Qualifikation der eigenen Führungskräfte massiv beklagen. Dieses Ergebnis ist sicherlich eine Konsequenz der hohen Bewertung der sozialen Kompetenz-Faktoren und der Glaube, dass die Sozial- und Führungskompetenz einen befähigt, als Führungskraft eingesetzt werden zu können. Dass Sie als Führungskraft unbedingt Sozial- und Führungskompetenz benötigen ist unumstritten, aber nicht ausreichend. Wie könnten Sie sonst Entscheidungen treffen, wenn Sie nicht verstehen, um was es geht? Außerdem erwarten Mitarbeiter von Ihnen Rückmeldung über die Qualität ihrer Arbeit und Anregungen zur fachlichen Weiterbildung. Im Entwicklungs- oder Forschungsbereichen wird die Notwendigkeit eines differenzierten Fachwissens schnell einsichtig.

Grundsätzlich lässt sich sagen, dass, je kürzer die Innovationszyklen sind, desto wichtiger ist es, dass Sie auch als Führungskraft ständig Ihre fachliche Qualifikation entwickeln müssen.

Tipps und Regeln

Tipp 1:   Ständige fachliche Weiterbildung stärkt Ihre Position als Führungskraft

Die Hierarchie als Basis der Macht ist die unsicherste. Diese wird Ihnen verliehen und kann Ihnen sehr schnell wieder genommen werden. Darüber hinaus wirken Führungskräfte, die sich immer wieder auf ihre Hierarchie beziehen, im Alltag schwach. Sie kennen sicherlich Formulierungen wie: Schließlich bin ich hier Chef und erwarte von Ihnen, dass ...

Tipps und Regeln

Tipp 1:   Bauen Sie nicht auf Ihre hierarchische Macht. Diese ist sehr unbeständig und wirkt auf Mitarbeiter eher negativ.

Tipp 2:   Die wichtigste Säule Ihrer Macht und Ihres Führungserfolgs ist Ihre persönliche Führungskompetenz.

Diese Kompetenz ist mit Ihrer Persönlichkeit direkt verbunden und kann Ihnen niemand wegnehmen. Diese Kompetenz ist Ihr wesentlichstes Kapital für Ihren neuen Job als Führungskraft.

Hier geht es um die Frage nach sozialer Kompetenz und auch um Ihren persönlichen Führungsanspruch. Gerade der Führungsanspruch ist ein wesentlicher Erfolgsfaktor.

Viele Mitarbeiter sind sozial kompetent haben aber nicht den Anspruch wirklich führen zu wollen. In der Praxis hat dies folgende Konsequenz: In den meisten Betrieben und auch in der öffentlichen Verwaltung müssen qualifizierte Mitarbeiter, die mehr Verantwortung und mehr verdienen wollen, Führungskraft werden, ob sie wollen oder nicht. Die Möglichkeit, Karriere nur über die Hierarchie als Führungskraft machen zu können, „zwingt" sie dazu. Diese, meist einzige Möglichkeit, nur als Führungskraft Karriere machen zu können, führt in der Praxis dazu, dass es viele Vorgesetzte und weit weniger Führungskräfte gibt.

Selbsttest: Führungsanspruch

Im folgenden haben Sie die Gelegenheit, Ihren persönlichen Führungsanspruch zu testen. Ich empfehle Ihnen, sich hierfür kurz Zeit zu nehmen, und ehrlich mit sich selbst, die Fragen zu beantworten. Je mehr „Ja" Sie haben, desto höher ist ihr Führungsanspruch ausgeprägt.

	ja	nein
• Es fällt mir leicht, immer wieder anderen Menschen mehr Leistung abzuverlangen als sie freiwillig geben.	☐	☐
• Es macht mir Spaß, mich immer wieder behaupten zu müssen.	☐	☐
• Ich spreche positive und negative Dinge zeitnah an. Ich bleibe dabei völlig ruhig.	☐	☐
• Es macht mir Spaß, Ziele auch für andere zu setzen.	☐	☐
• Es fällt mir leicht, meine Meinung immer wieder klar und deutlich zu äußern.	☐	☐
• Es fällt mir auf, dass ich immer wieder derjenige bin, der die Dinge vorantreibt.	☐	☐
• Es macht mir Spaß, neue Aufgaben aufzugreifen und sie zu Ende zu führen.	☐	☐
• Es fällt mir leicht, Entscheidungen auch dann zu treffen, wenn sie unpopulär sind.	☐	☐
• Widerstände entmutigen mich nicht, sondern sind für mich eine Herausforderung.	☐	☐
• Ich bezeichne mich als hartnäckig und ausdauernd.	☐	☐

Je mehr Aussagen Sie mit „Ja" beantwortet haben, desto höher ist Ihr Führungswille.

Tipp 1:   Prüfen Sie, wie stark Ihr persönlicher Anspruch ist, Mitarbeiter führen zu wollen. Ohne den Spaß am Umgang mit Mitarbeitern, ohne Interesse an der gemeinsamen Lösung von Mitarbeiterproblemen usw. wird es Ihnen immer schwerfallen, ein Team oder eine Abteilung zu führen. Bauen Sie nicht auf Ihre hierarchische Macht. Diese ist sehr unbeständig und wirkt auf Mitarbeiter negativ.

Wie soll ich mich nun kleiden?

Sie alle kennen den Spruch: „Kleider machen Leute". Dieser trifft ganz besonders dann zu, wenn wir jemanden kennen lernen. Wir haben vorher schon gesehen, dass der erste Eindruck wichtig ist. Da Sie als Führungskraft Vorbild sein sollten, bedeutet dies, dass Sie sich genau so kleiden, wie in der Vergangenheit, nur mehr Wert auf „Perfektion" legen sollten. Sie repräsentieren jetzt die Firma noch stärker als in der Vergangenheit und Sie sitzen jetzt häufiger in Gremien, in denen auch Ihre Vorgesetzten und/oder Kunden sitzen.

Das Thema Kleidung ist nicht nur für die jetzige Position wichtig, sondern auch für Ihre nächste Beförderung. Dann geht es nämlich wieder um die Frage: Traut man es Ihnen zu, dass Sie die neue und damit höhere Position adäquat besetzen können?

Sicherlich wird es nicht so sein, dass die Kleidung alleine über Ihre weitere Karriere entscheidet. Die Kleidung ist jedoch so bedeutend, dass Sie sehr viel mehr Kompetenz und Überzeugungskraft aufwenden müssen, um ein Mangel zu kompensieren. Um die Bedeutung der Kleidung zu bewerten, empfehle ich Ihnen, sich selbst zu beobachten und Ihre Gedanken und Meinungen zu reflektieren, wenn Sie jemanden kennenlernen, der Ihrer Meinung nach, nicht entsprechend gekleidet ist.

Tipps und Regeln

Tipp 1:   Achten Sie auf ordentliche Kleidung, mit der Sie auch in Ihrem Bereich Vorbild sein können und Sie sich persönlich wohl fühlen.

1.2. Ich steige als Führungskraft in einem neuen Betrieb ein

In einem neuen Betrieb ist der Einstieg für Sie anders. Sie müssen sich sowohl fachlich, als auch persönlich und mit Ihrer Funktion als Führungskraft neu orientieren. Dies ist eine große Herausforderung, die nicht nur anstrengend ist, sondern auch eine große Chance für einen Neuanfang bietet. Sie haben hier den Vorteil, dass Sie Ihre neue Rolle wesentlich einfacher so ausfüllen können, wie Sie es für sinnvoll erachten. Sie haben keine Altlasten und niemand würde sich wundern, wenn Sie gelegentlich ein neues Verhalten zeigen würden.

Auch hier werden Sie von Ihrer Führungskraft dem neuen Team vorgestellt. Falls dies nicht sein sollte, versuchen Sie dieses zu organisieren, da es sonst zu Akzeptanzproblemen kommen kann.
Dieses erste Treffen mit Ihrem Team dient dazu, sich gegenseitig kennen zu lernen und kurz aufzuzeigen, wie es nun weitergehen soll. Wichtig ist es hierbei, dass Sie sich persönlich als „Mensch" vorstellen und deutlich machen, dass Sie sich auf die Zusammenarbeit freuen.

Tipps und Regeln

Tipp 1: Bereiten Sie sich gut vor. Definieren Sie im Vorfeld Ihre Gesprächsthemen.

Wie gehen Sie sinnvoller Weise vor?

1. Vorstellungsrunde
o Persönliche Vorstellung, beruflicher Werdegang
o Einige persönliche Punkte, z.B. Freizeit
o Wo liegen meine Stärken?
o Was ist mir in der Zusammenarbeit wichtig? (Hier besonders darauf achten, dass dies positiv formuliert wird und nicht strafend wirkt. Z.B: Mir ist gegenseitige Offenheit wichtig. Nicht: Ich mag es nicht, wenn man Dinge, die einen ärgern, für sich behält.)
o Nachdem Sie sich vorgestellt haben, stellen sich nach gleichem Muster all Ihre Mitarbeiter vor.

2. Ausblick/Zukunft
o Kurze Darstellung: Was habe ich als Ihre neue Führungskraft als nächstes vor? Wie geht es weiter? (Nur Punkte nennen, bei denen Sie sicher sind, dass Sie dies auch realisieren können. Sonst verlieren Sie schnell Ihre Glaubwürdigkeit).
o Persönliche Gespräche mit jedem einzelnen Mitarbeiter ankündigen. Ziele der Gespräche: a) Einschätzung der gegenwärtigen Situation. b) Wo sieht jeder einzelne Mitarbeiter notwendige Ansatzpunkte der Veränderung? c) Vertieftes Kennenlernen.

Wichtig:

Bereits bei der Vorstellungsrunde, erfahren Sie schon wichtige Informationen über jeden einzelnen Mitarbeiter und auch über die Sympathie der Teammitglieder untereinander.
Deshalb sollten Sie hier besonders konzentriert sein. Achten Sie hierbei besonders auf die Reaktionen der Teammitglieder, während sich die einzelnen vorstellen. Konkrete Hinweise auf gegenseitige Sympathie erfahren Sie, wenn Sie auf die gesamte Stimmung, die Blickkontakte und die Bereitschaft, den anderen zuzuhören, achten. Dadurch erfahren Sie, wer gegenwärtig im Team eine Bedeutung hat und wer nicht.

Es ist keine Schande nichts zu wissen,
wohl aber, nichts lernen zu wollen.

Sokrates

2. Welcher Führungsstil ist für mich der richtige?

2.1. Kann man Führen lernen?
2.2. Welche Führungsstile lassen sich unterscheiden?
2.3. Wie kann ich an meinem Führungsstil arbeiten?
2.4. Was versteht man unter dem Führungskreislauf?

2.1. Kann man Führen lernen?

In diesem Zusammenhang wird immer wieder die Frage gestellt: Gibt es die
ideale Führungskraft?
Diese Frage kann jedoch so nicht gestellt werden.
Es geht nicht um die Frage, gibt es den oder die ideale Führungskraft, sondern
es geht um die Frage: Ist jemand in der Lage, mit seinen Fähigkeiten, Kompetenzen und Potenzialen an einem konkreten Arbeitsplatz als Führungskraft
erfolgreich zu sein?
Leider muss ich immer wieder feststellen, wie junge Führungskräfte trotz hohen Potenzialen, also guten Vorraussetzungen, viel zu oft ins kalte Wasser
geworfen werden. Dies macht mir deutlich, dass immer noch viel zu viele
Menschen in verantwortungsvollen Positionen sitzen, die der Meinung sind,
dass man Führen einfach kann. Dies sind zu einem ganz erheblichen Teil die
Manager, die immer wieder betonen, dass die Mitarbeiter ihr wichtigstes Kapital sind. Diesen Managern ist vermutlich nicht klar, dass die Leistungsfähigkeit und Leistungsbereitschaft von Mitarbeitern bis zu über 50 % von der
Kompetenz und dem Verhalten der eigenen Führungskraft abhängig ist.
Die ganzen Führungsvoraussetzungen taugen wenig, wenn das Handwerks-
zeug zum Führen nicht professionell gelernt wird. Deshalb empfehle ich Ihnen, falls Sie es nicht schon getan haben, möglichst bald ein wirklich gutes
Führungstraining durchzuführen. Hierzu reichen leider zwei Tage nicht aus.
Ob Sie ein Training mit mehreren Blöcken durchführen oder in einem ein-
oder zweiwöchigen Intensivkurs die Grundlagen des Führens lernen, sollte
von Ihrer persönlichen Situation und Ihren Vorlieben abhängig sein. Wichtig
ist, dass Sie sich *umfassend* qualifizieren und dies ein Leben lang. Reservieren

Sie sich deshalb in Ihrem Kalender jährlich mehrere Tage für Ihre Weiterbildung.
Ich kenne keinen Beruf, den man ohne Ausbildung ausführen kann bzw. dürfte. Oder würden Sie zu einem Arzt gehen, der für seinen Beruf zwar begabt ist, aber keine Ausbildung hat?

Was zeichnet erfolgreiche Führungskräfte aus?

Ich beschäftige mich seit meinem Studium mit der Personalauswahl und der Personalentwicklung. Dabei habe ich festgestellt, dass erfolgreiche Menschen nicht miteinander zu vergleichen sind, dass erfolgreiche Führungskräfte in Ihrem Verhalten so unterschiedlich sind, wie es Situationen gibt. Dies wird auch durch alle Untersuchungen, die hierzu in den letzten Jahrzehnten gemacht wurden, bestätigt.
Es lässt sich jedoch feststellen, dass hinter dem situativen Verhalten jeweils ähnliche Grundprinzipien bzw. persönliche Orientierungen liegen, die erfolgreiches Verhalten jeweils begünstigen.

Tipps und Regeln

Tipp 1:   *Mitarbeiterführung ist ein Beruf der erlernt werden kann und erlernt werden muss.*

Tipp 2:   *Bestimmte persönliche Orientierungen bzw. Potenziale begünstigen das Lernen.*

Tipp 3:   *Wesentliche Vorraussetzung des Erfolgs als Führungskraft ist Ihr eigener Führungsanspruch. Hierbei geht es um die Frage: Wollen Sie wirklich führen? Wollen Sie wirklich Chef sein und sich u.a. intensiv immer wieder mit Mitarbeitern auseinandersetzen? Und immer wieder diejenige/derjenige sein, der auch unangenehme Entscheidungen trifft und sich dadurch immer wieder unbeliebt macht?*

Tipp 4:   *Die Beherrschung verschiedener Tools ist Mindestvoraussetzung für den Erfolg (= Inhalt dieses Buches.)*

Tipp 5:   *Erfolg als Führungskraft setzt, wie in allen anderen Berufen, Selbstdisziplin, Ausdauer, klare Ziele, Bereitschaft, auch die persönlichen Kosten für das eigene Handeln zu übernehmen, Zuverlässigkeit und Sorgfalt voraus.*

15

2.2. Welche Führungsstile lassen sich unterscheiden?

Was heißt eigentlich Führen?

Bevor wir uns die Frage nach den verschiedenen Führungsstilen stellen, möchte ich erst definieren, was denn eigentlich Führen bedeutet. Jede Führungskraft hat beim Führen, zwei Prozesse zu steuern: Sie muss zum einen klären und entscheiden, was erreicht werden soll, und zum anderen hat sie dafür zu sorgen, dass und wie eine Entscheidung in der Praxis umgesetzt wird?

Führen

1. Prozess bestimmt:

Was soll erreicht werden?
Wie konsequent und hartnäckig
werden Ziele verfolgt?

2. Prozess bestimmt:

Wie wird entschieden?
Wie werden die Mitarbeiter
behandelt?

Tipps und Regeln

Tipp 1:   *Führen heißt demnach: Entscheiden, was erreicht werden soll und Mitarbeiter auf das Ziel hin steuernd begleiten. Ziel der Führung ist deshalb, (die richtigen) Entscheidungen zu treffen, Effizienz in den Abläufen zu erreichen und die Interessen und Bedürfnisse der Mitarbeiter unter den gegebenen Rahmenbedingungen zu berücksichtigen.*

Die Art und Weise, wie diese beiden Prozesse vom Vorgesetzten gesteuert werden, entscheidet über den Führungsstil.

Die Forschung unterscheidet zwischen mindestens vier verschiedenen Führungsstilen. Den autoritären, den kooperativen, den helfenden und den laissez-faire Führungsstil. Ich ergänze den kooperativen Führungsstil mit „direktiv", also nenne ich ihn: Kooperativ-direktiver Führungsstil. Dieses „direktiv" trenne ich ganz klar vom autoritären Führungsstil ab. Führungskräfte mit einem autoritären Führungsstil entscheiden alleine, ohne die Mitarbeiter einzubinden. Die Mitarbeiter werden wenig informiert, sodass sie kaum selbständig arbeiten können. Sie sind Erfüllungsgehilfe des Vorgesetzten. Mittel- und langfristig führt dies dazu, dass sich einerseits die Qualität der Arbeitsergebnisse und andererseits die Qualifikation der Mitarbeiter reduziert. Autoritäre Führungskräfte haben vor Ihren Mitarbeitern keinen Respekt, denken kurzfristig und achten nicht auf das persönliche und berufliche Vorwärtskommen der Mitarbeiter und Mitarbeiterinnen. Als Konsequenz dieses Führungsstils zeigen die Mitarbeiter in der Praxis, dass Sie wenig Eigeninitiative entwickeln und auch keinen Mut haben, Veränderungen mitzutragen. Autoritäres Führen funktioniert in der Praxis kurzfristig dann, wenn die Führungskraft selbst höchst kompetent ist und gleichzeitig eine äußerst hohe Kontrolle über das Mitarbeiterverhalten hat. Autoritäres Führen funktioniert auch dann, wenn Entscheidungen sehr schnell getroffen werden müssen, wie z.B. bei der Feuerwehr, im Brandfall, beim Militär oder auch im Operationssaal. Mittel- oder langfristig werden jedoch die hochkomplexen Probleme unsere Zeit, durch sture Vorgaben ohne die Einbindung der Mitarbeiter und deren respektvolle Behandlung nicht mehr zu lösen sein.

Den „kooperativen Führungsstil" ergänze ich deshalb mit „direktiv", da vor allem junge Führungskräfte oft zu weich sind und kooperativ mit demokratisch oder laissez-faire verwechseln. Aus der Befürchtung heraus, zu autoritär zu sein, führt dies bei vielen im Alltag dazu, dass die Führungskraft ihre Erwartungen an die Mitarbeiter nicht klar formuliert, dass sie zögerlich und weich ist, und vor allem diese Führungskräfte Mühe haben, klare Entscheidungen zu treffen. Im Moment habe ich den Eindruck, dass viele glauben, dass es nichts Schlimmeres gäbe als autoritär zu sein. Genau dies führt aber zu Handlungsblockaden im Alltag. Kooperativ-direktiv heißt, dass die Mitarbeiter weitestgehend in Entscheidungsprozesse eingebunden werden. Dass Sie sich als Führungskraft mit den Erfahrungen, Meinungen und dem Wissen der Mitarbeiter auseinandersetzen, deren Argumente abwägen und in die Entscheidungsfindung einfließen lassen. Bei Entscheidungen sind viele Führungskräfte zu zögerlich, sodass sich Besprechungen im Kreis drehen und sie uneffektiv werden. Ich bin davon überzeugt, dass viele Besprechungen schneller und effektiver wären, wenn Führungskräfte mehr Mut hätten, auch in schwierigen Situationen zu ihrer Meinung zu stehen. Erst ab dem Moment der Entscheidung zeigt die Führungskraft Flagge und macht sich jetzt angreifbar. Da genau dies aber viele vermeiden möchten, halten sie sich bedeckt. Die Konsequenzen sind bekannt.

Beim kooperativ-direktiven Führungsstil werden die Mitarbeiter als Partner gesehen, die ebenso wie sie selbst persönliche Interessen, Bedürfnisse, eigene Erfolge usw. haben, die wertgeschätzt und beachtet werden sollten. Die Mitarbeiter sollten fundiert und umfassend informiert werden, damit sie in der Lage sind ihre Freiräume verantwortungsvoll auszugestalten und entsprechende Entscheidungen selbst treffen können, um so die eigenen vereinbarten Ziele zu erreichen.

Beim helfenden Führungsstil ist das Verhalten der Führungskraft durch eine den Mitarbeiter unterstützende Haltung geprägt. Die Führungskraft neigt dazu, die Aufgaben, oder z.b. Qualitätsanforderungen oder Ziele zu vernachlässigen, wenn dadurch die Zufriedenheit der Mitarbeiter gewährleistet werden kann. Die helfende Führungskraft ist stark um die Mitarbeiter bemüht und hat eine ausgeprägte Tendenz, Mitarbeiter entlasten zu wollen, was z.t. soweit geht, dass sich die Führungskraft überall einmischt oder sich sogar aufdrängt. Hinter diesem Verhalten steht ein recht negatives Menschenbild. Führungskräfte mit einem helfenden Führungsstil trauen genau genommen, ihren Mitarbeitern wenig zu und deshalb glauben sie, dass sie überall helfen müssen und unentbehrlich sind. Helfende Führungskräfte haben auch ein starkes Bedürfnis nach Anerkennung der eigenen Person, sodass andere meist deshalb unterstützt werden, weil man sich Lob und Anerkennung erhofft. Dieses Bedürfnis nach Anerkennung kann soweit gehen, dass die Führungskraft enttäuscht reagiert, wenn das aufopfernde Verhalten nicht gewürdigt wird.

Der laissez-faire Führungsstil lässt sich genau genommen nicht mehr als Führungsstil bezeichnen. Dieser Stil zeichnet sich dadurch aus, dass sich die Führungskraft weder um die Aufgaben und Ziele, noch um die Mitarbeiter kümmert. Sie selbst hat meist keine eigenen klaren Ziele, die dann auch nicht mit den Mitarbeitern kommuniziert werden können. In der Praxis bedeutet dies, dass meist Termine und die Qualitätsanforderungen nicht eingehalten werden, und jeder das tut was er für richtig erachtet, aber keiner das tut, was „eigentlich" notwendig wäre. Die Energie und das Handeln der Mitarbeiter werden nicht auf einen Punkt hin ausgerichtet, so dass sich nichts wirklich verändert oder entwickelt. Außerdem werden keine neuen Innovationen realisiert, da Innovationen immer Widerstände erzeugen und diese Widerstände nicht bearbeitet werden. Auf Grund der mangelnden Entscheidungsfähigkeit oder Entscheidungsbereitschaft der laissez-fairen Führungskraft zwingt dies die Mitarbeiter selbst zu entscheiden. Dies führt dazu, dass sich eine Menge Häuptlinge unter den Mitarbeitern und Mitarbeiterinnen herauskristallisieren, sich eine destruktive Wettbewerbssituation entwickelt und sich dadurch die Leistungsfähigkeit des Teams weiter verschlechtert. Eine weitere Folge dieses Führungsstils ist, dass die Mitarbeiter nicht aktiv in die Arbeit eingebunden werden und somit keine Würdigung ihrer Leistung, keinerlei Feedback und auch sonst keine Unterstützung erhalten, die geeignet wäre sich selbst weiterzuentwickeln. Da sich bei diesem Führungssteil das Engagement der Mitarbeiter weder im positiven, noch im negativen Sinne auswirkt, führt dies zu unzufriedenen Mitarbeitern und zu schlechten Arbeitsergebnissen.

In der Praxis lässt sich dieser Führungsstil z.T. bei Führungskräften, die sich „häuslich eingerichtet haben" und es weitestgehend nur noch laufen lassen, in den letzten Berufsjahren und auch häufiger im öffentlichen Dienst beobachten.

Diese vier Führungsstile lassen sich in ein Koordinationssystem, mit den zwei Dimensionen „Mitarbeiterorientierung" und „Aufgabenorientierung" einordnen. (In der Praxis sind diese vier Führungsstile jedoch schwer zu trennen)

Der Führungsstil ergibt sich aus der jeweiligen Ausprägung der Mitarbeiter- und Aufgabenorientierung.

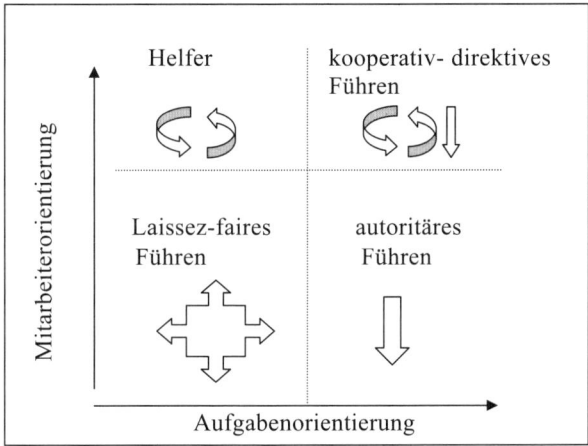

Was ist nun der ideale Führungsstil?

Der ideale Führungsstil ist von verschiedensten Faktoren abhängig. Welcher der „Ideale" ist, lässt sich relativ gut erkennen. Gemeinsam ist den vier verschiedenen Stilen, dass sie alle im obigen Koordinatensystem an zwei verschiedenen Achsen ausgerichtet sind.
Es geht jeweils um die Frage, wie intensiv bemühen Sie sich als Führungskraft um die Mitarbeiterinnen und Mitarbeiter und wie intensiv verfolgen Sie Ihre Ziele und Aufgaben.
Ein „idealer Führungsstil" ist ein Führungsstil, der in der Praxis *wirksam* ist. Wirksam zur Zielerreichung und im Umgang mit den Mitarbeitern.
Deshalb ist es wichtig, dass Sie diese beiden Aspekte, Zielerreichung bzw. Aufgabenorientierung und die Mitarbeiterorientierung, also wie intensiv binden Sie Mitarbeiter ein (nutzen deren Know how, kommunizieren mit ihnen bei der Arbeit), immer im Blick haben. Das bedeutet, dass Sie versuchen sollten, zwischen diesen zwei Ausrichtungen „Aufgabenorientierung" und „Mitarbeiterorientierung" eine Balance zu erreichen.

Tipps und Regeln

Tipp 1: *Führung ohne die Einbindung der Mitarbeiter, ist mittelfristig min-*
destens genauso unsinnig, wie Mitarbeiterzufriedenheit erreichen zu
wollen, ohne dabei auf die Ziele zu achten.

Für die Praxis bedeutet dies, dass Sie Ihre vereinbarten Ziele, Schwerpunkte,
Ansprüche etc. nicht aufgeben sollten, nur um die Mitarbeiter kurzfristig zufrieden stellen zu wollen. Andererseits haben Sie wenig Erfolgschancen, wenn
Sie Entscheidungen treffen, die von den Mitarbeitern nicht mitgetragen werden.

Zusammenfassend bedeutet dies: Ihre Ziele sind verbindlich, und die Mitarbeiter werden auf dem Weg dahin aktiv miteingebunden und ernst genommen.
Sie bieten ihnen die Möglichkeit, sich bei Diskussionen und Entscheidungs-
prozessen wirklich einbringen zu können. Damit erkennen die Mitarbeiter,
dass Entscheidungen durch sie selbst beeinflusst werden können, sie somit
einen wesentlichen Beitrag zum Erfolg leisten und sie sich dadurch mit der
Entscheidung identifizieren und so motiviert werden.
Damit Sie Ihren eigenen Stil feststellen und sehen können wie konsequent Sie
Ihre Ziele verfolgen und wie intensiv Sie die Mitarbeiterinteressen und deren
Know how berücksichtigen, empfehle ich Ihnen sich mit nachfolgenden per-
sönlichen Einstellungen auseinander zu setzen. Prüfen Sie, inwieweit die Aus-
sagen Ihre persönliche Orientierung abdecken. Bitte lassen Sie sich hierfür
Zeit, gehen Sie in sich, und prüfen Sie, welche Orientierung Sie *vor allem* in
Stresssituationen haben. Beobachten Sie sich selbst auch in der Praxis und
lassen Sie sich von anderen Kollegen/Mitarbeitern Feedback geben.

Führungsstilanalyse

Die autoritäre Führungskraft	Kenne ich von mir	Kenne ich nicht von mir
• Ohne mich funktioniert hier nichts	☐	☐
• Andere fördern, heißt sich selbst gefährden	☐	☐
• Wenn Mitarbeiter Informationen brauchen, müssen sie sich diese holen	☐	☐
• Die Arbeit, die Qualität, Termintreue geht über alles	☐	☐
• Mitarbeiter sind Funktionsträger die funktionieren müssen	☐	☐
• In der Praxis fällt mir Kritik leichter als Lob auszu-sprechen	☐	☐

Die helfende Führungskraft	Kenne ich von mir	Kenne ich nicht von mir
• Das Wohl der Mitarbeiter geht über alles	☐	☐
• Nur wenn sich alle richtig wohl fühlen, dann können wir gut arbeiten	☐	☐

- Es ist ausgesprochen wichtig, Mitarbeiter entsprechend Ihren Wünschen zu qualifizieren und zu entwickeln ☐ ☐
- Man muss immer und jederzeit für Mitarbeiter ansprechbar sein ☐ ☐
- Vereinbarungen, Ziele etc. können schon auch großzügig interpretiert werden, wenn die Mitarbeiter Mühe damit haben ☐ ☐
- Erst wenn wir uns alle einig sind, dann können Entscheidungen getroffen werden die Mitarbeiter motivieren ☐ ☐

Die laissez-faire Führungskraft   Kenne ich von mir   Kenne ich nicht von mir

- Man darf Mitarbeitern nicht so viel rein reden, sie werden es schon richten ☐ ☐
- Je mehr Freiräume Mitarbeiter haben, desto höher die Motivation ☐ ☐
- Die Eigenverantwortlichkeit von Mitarbeitern kann man voraussetzen ☐ ☐
- Wenn Mitarbeiter ein Problem haben, melden sie sich schon ☐ ☐
- Mitarbeiter merken selbst, wo sie sich entwickeln müssen ☐ ☐
- Mitarbeiter sind so sehr mit ihrer Aufgabe vertraut, dass sie selbst in der Lage sind, Ziele und Schwerpunkte zu definieren ☐ ☐

Die kooperativ-direktive Führungskraft   Kenne ich von mir   Kenne ich nicht von mir

- Mitarbeiter sind Partner, mit denen wir gemeinsam unsere Ziele erreichen ☐ ☐
- Ich sorge für Rahmenbedingungen in denen Mitarbeiter gut arbeiten können ☐ ☐
- Mitarbeiter müssen gut informiert werden, damit sie ihre Aufgaben mit hohem Engagement erfüllen können ☐ ☐
- Nur wenn Mitarbeiter in wichtige Entscheidungsprozesse einbezogen werden, entwickeln sie Eigenverantwortlichkeit und Engagement ☐ ☐

- Ich gebe meinen Mitarbeitern Feedback und kläre ☐ ☐
  mit ihnen, wo sie sich weiterentwickeln können
- Hohe Mitarbeiterzufriedenheit ist genauso wich- ☐ ☐
  tig, wie Termintreue, Qualität usw. und ist nur
  gemeinsam erreichbar
- In der Sache bin ich hart, im Umgang wertschätzend ☐ ☐
  und respektvoll

Wirksame Führungskräfte haben eine stark ausgeprägte Ziel- *und* Mitarbeiterorientierung. Je mehr Kreuze Sie beim kooperativ-direktiven Führungsstil bei „kenne ich von mir" haben, desto erfolgreicher werden Sie sein.

Überlegen Sie sich selbst, oder diskutieren Sie mit Personen, zu denen Sie ein hohes Vertrauen haben, wie Sie bei den anderen Führungsstilen Ihre Antworten bei „kenne ich von mir" optimieren können, und auf Grund welcher Erfahrungen Sie sich bei der Bearbeitung der Führungsstilanalyse „so" entschieden haben.

Sie merken, dass es bei vielen Führungsthemen nicht „die richtige Antwort" gibt. Führungsqualifizierung bedeutet, sich immer wieder kritisch zu hinterfragen und allmählich nach Lösungen zu suchen.

Tipps und Regeln

Tipp 1:   *Vergleichen Sie Ihre persönliche Einstellung mit den eben dargestellten Statements bei den verschiedenen Führungsstilen.*

Tipp 2:   *Prüfen Sie, wie Sie selbst behandelt werden möchten und unter welchen Bedingungen Sie selbst bereit sind, Höchstleistung zu bringen.*

Tipp 3:   *Prüfen Sie in Ihrem Führungsalltag, ob Sie bei Ihren Entscheidungen beide Dimensionen beachten. Das Ziel der Mitarbeiterzufriedenheit und gleichzeitig das Ziel, Ihre Aufgaben und Ziele zu verfolgen. Ziel ist es, zwischen diesen beiden Dimensionen eine Balance herzustellen.*

2.3. Wie kann ich an meinem Führungsstil arbeiten?

Um die eigene Professionalität immer weiter zu entwickeln, ist es sinnvoll, sich ab und zu selbstkritisch zu reflektieren. In der vorherigen Übersicht sind einige typische Grundhaltungen der verschiedenen Führungsstile aufgelistet. Prüfen Sie für sich selbst, welche Tendenzen Sie von sich selbst kennen!

Damit Sie Ihr eigenes Führungsverhalten, vor allem im Detail auch Ihre verschiedenen Facetten erkennen, ist es wichtig, dass Sie sich nicht nur jetzt beim Lesen, sondern in der Praxis, vor allem in Stresssituationen, in denen Sie persönlich unter Druck stehen, ab und zu beobachten.

Meine Erfahrung zeigt, dass selbst „kooperativ-direktiv" führende Chefs in Stresssituationen entweder zum autoritären, zum helfenden oder zum laissez-fairen Stil neigen. In entspannten Situationen ist es leicht, kooperativ-direktiv zu führen.

Tipps und Regeln

Tipp 1:   *Haben Sie den Mut, sich selbst zu sein, und Ihren persönlichen Führungsstil zu realisieren.*
Tipp 2:   *Holen Sie sich ab und zu von Ihren Mitarbeitern Feedback.*

2.4. Was versteht man unter dem Führungskreislauf?

Vermutlich haben Sie schon einmal den Begriff „Führungskreislauf" gehört. Der Führungskreislauf stellt zusammenfassend alle Führungstätigkeiten dar, so dass er Ihnen immer wieder als roter Faden bei der Reflexion Ihres Verhaltens dienen kann und gleichzeitig eine Zusammenfassung vieler Inhalte dieses Buches ist.

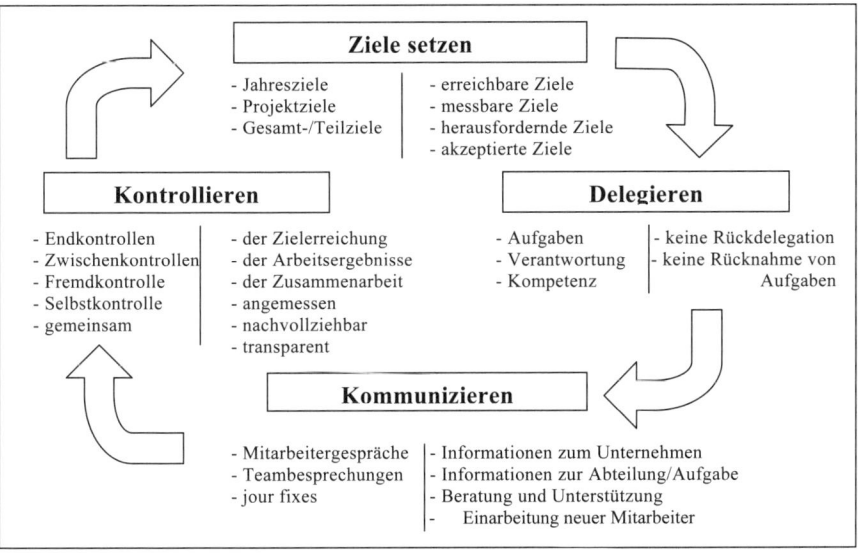

Beim Führen spielen primär folgende Themen eine Rolle und werden hier als Prozess dargestellt:

1. Ziele setzen
2. Delegieren
3. Kommunizieren
4. Kontrollieren

1. Ziele setzen:
Prüfen Sie für sich immer wieder ob Ihnen selbst die Ziele Ihrer Führungskraft bekannt und verständlich sind. Denn dies ist die Vorraussetzung, dass Sie selbst mit Ihren Mitarbeitern vernünftige Ziele vereinbaren oder festlegen können. Sind Sie ehrlich und fragen Sie sich selbst, ob Ihren Mitarbeitern Ihre Ziele wirklich klar sein können. Hierzu können Ihnen folgende Fragen helfen:
- Wann habe ich die Ziele kommuniziert?
- Wiederhole ich wichtige Ziele immer wieder?
- Wenn Mitarbeiter sich nicht zielorientiert verhalten, woran liegt es? An Ihrem Führungsverhalten oder am Mitarbeiter?

2. Delegieren:
Ohne Delegation gibt es keine Führung. Denn dann machen Sie alles selbst und brauchen keine Mitarbeiter. Sind Sie bereit loszulassen und Ihren Mitarbeitern zu trauen? (ausführlicher im Kapitel 5)

3. Kommunizieren
Dies ist sicherlich eines der schwierigsten Aufgaben. Zum einen verwechseln wir Informationsaustausch bzw. Informationsweitergabe mit dem Kommunizieren. Das erstere funktioniert über eMail, das zweite benötigt Zeit, Interesse und emotionale Anteilnahme. Ohne Kommunikation gibt es kein Vertrauen.

4. Kontrollieren
Kontrollieren gehört zum Führen und Delegieren als Selbstverständlichkeit dazu. Kontrollieren zeigt auch Interesse. In der heutigen Zeit wird dies oft als mangelndes Vertrauen oder als unzeitgemäß von speziellen Mitarbeitertypen dargestellt. Lassen Sie sich dadurch nicht irritieren. Vor allem Mitarbeiter die nur eine große Spielwiese aber keine Verantwortung übernehmen möchten, versuchen sehr schnell, Sie gerade damit emotional unter Druck zu setzen.

5. Personalentwicklung
An dieser Stelle möchte ich diesen Aspekt ergänzen, da es auch Führungskreismodelle gibt, die fünf verschiedene Bereiche untergliedern. Die Qualifizierung von Mitarbeitern ist ein wichtiger Faktor, der jedoch in meiner Darstellung in den anderen Komponenten integriert ist.

Ein Schiff, das den Hafen nicht kennt,
in den es segeln will,
für das ist kein Wind ein günstiger.

Seneca

3. Welche Bedeutung haben Ziele für den Erfolg?

3.1. Weshalb benötigen wir Ziele?

Wir benötigen Ziele, damit wir unsere eigene Energie, bzw. unser eigenes Handeln danach ausrichten können. Nur wenn wir wissen, wohin es gehen soll, können wir entscheiden, ob das eigene Verhalten effektiv und wirksam ist.

Sie kennen vermutlich die Anekdote, bei der ein Kollege fragt: „Wohin fahren wir denn?" und er zur Antwort bekommt: „Das weiß ich noch nicht, aber fahre mal los".

Ich glaube, dass sich dieses Verhalten dadurch erklären lässt, dass sich viele von uns wohler fühlen, wenn sie irgend etwas tun, also „fleißig" sind, als nur abzuwarten. Sie kennen dieses Phänomen auch vom Autofahren. Viele Menschen fahren lieber einen größeren Umweg, als dass sie im Stau stehen.

Nur wenn wir klare Ziele haben, können wir auch Erfolgserlebnisse erhalten. Denn Erfolgserlebnisse entstehen dann, wenn wir unsere Ziele erreichen.

Ich möchte Ihnen gerne zwei Beispiele aus dem Privatbereich schildern, um diesen Sachverhalt zu verdeutlichen:

Beispiel 1:
Sie kennen sicher Sonntage, an denen es nur regnet. Sie sind müde und leben so in den Tag hinein. Irgendwann entscheiden Sie sich dann dazu, einfach etwas an die frische Luft zu gehen. Dann gehen Sie einfach so durch die Gegend spazieren und kommen nach einer Stunde wieder zurück.

Beispiel 2:
Der gleiche Sonntag mit der gleichen persönlichen Stimmung. Jetzt aber nehmen Sie sich vor, auch um frische Luft zu tanken, z.B. bis zum nächsten Berg

25

oder zur nächsten Ortschaft und zurück zu laufen. Auch jetzt sind Sie nach einer Stunde wieder zu Hause.

Nach welchem Beispiel würden Sie sich besser fühlen? Nach Beispiel eins oder Beispiel zwei?

Ich lerne immer wieder Menschen kennen, die mir sagen, dass es besser sei, keine Ziele zu haben, da man dann auch nicht enttäuscht werden könne.

Ich bin davon überzeugt, dass dies nur kurz oder mittelfristig funktionieren kann. Wenn Sie sich in Ihrem Leben nicht klar darüber werden, was Sie möchten, werden Sie mit großer Sicherheit nach einiger Zeit hoch frustriert sein, nämlich dann, wenn Ihnen deutlich wird, was Sie hätten erreichen können. Sie können sicher sein, dass wir in unserem Inneren wissen, was uns gut tut und das Richtige für uns ist und was wir „eigentlich" wollen. Die Frage ist, ob es Ihnen bewusst wird, und Sie Ihr Leben und tägliches Handeln danach ausrichten wollen.

Stellen Sie sich vor, Sie haben keine Vorstellung davon, ob Sie ein eigenes Haus oder eine eigene Wohnung haben möchten oder nicht. Mit 50 Jahren wird Ihnen dann z.B. klar, dass Sie eigentlich doch gerne eine eigene Wohnung gehabt hätten. Durch den Alltagsstress und die Art und Weise unserer Freizeitgestaltung nehmen wir uns zunehmend weniger Zeit, um uns unserer Bedürfnisse und Ziele bewusst zu werden. Hierfür benötigen wir Zeit und Ruhe, damit wir unsere Gedanken sortieren und uns so unserer Bedürfnisse bewusst werden können. Damit Sie also nicht mit 50 Jahren entdecken, dass Sie eigentlich etwas ganz anderes gewollt hätten, ist es wichtig, sich über die eigenen Lebensziele bewusst zu werden. Übrigens ist die sogenannte Midlife-Crisis das Resultat eines Lebensstils, der an den persönlichen Bedürfnissen und Interessen vorbeigeht und dies dann irgendwann deutlich wird und so zu einer Krise führt. In einem gewissen Ausmaß kennt die eben dargestellte Situation jeder, denn jeder von uns kennt Sätze wie: „Hätte ich damals nur" oder „im nachhinein bereue ich, dass ...".

Ziele sind natürlich nicht nur im Privatleben, sondern auch im Berufsleben von höchster Bedeutung. Zum einen haben wir Erfolgserlebisse wenn wir Ziele erreichen und zum anderen wird das Engagement der Mitarbeiter durch konkrete Ziele in eine Richtung gelenkt. Anhand folgender Fragen soll dies weiter differenziert werden.

Wie können Mitarbeiter selbständig arbeiten, wenn Sie die Ziele nicht kennen? Wie soll sich ein Mitarbeiter z.B. in einem Kundengespräch verhalten, wenn er nicht weiß, was die Ziele der Firma für das Jahr, für die Abteilung oder auch für den Kunden sind. Wie kann ein Vertriebsmitarbeiter wissen, dass er „kleine" Kunden intensiv akquirieren soll, wenn er nicht weiß, dass z.B. alle C-Kunden mit Umsatzpotenzial $\geq$ € 10.000 intensiv betreut werden sollen, da im nächsten Quartal eine Werbeaktion anläuft.

Ziele definieren erleichtert das Führen. Ohne Zielformulierung stehen Sie immer wieder vor der Situation, dass Sie jedem Mitarbeiter immer wieder aufs neue sagen müssen, was er tun soll. Wenn der Mitarbeiter klare Ziele mit klaren Vorgaben erhält, kann er selbständig arbeiten, und Sie werden entlastet.

Ohne Ziele für den Mitarbeiter sind Sie als Führungskraft sehr schnell überfordert und der Mitarbeiter ist noch schneller frustriert, weil er sich gegängelt fühlt. Außerdem haben Sie nur dann die Möglichkeit, das Problemlösepotenzial Ihrer Mitarbeiter zu nutzen, wenn sich diese entfalten und ihre Fähigkeiten auch wirklich anwenden können. Genau vor dieser Entfaltungsmöglichkeit haben viele Führungskräfte Angst, da sie befürchten, einerseits an Macht zu verlieren und andererseits, dass die Mitarbeiter die Ernsthaftigkeit der Arbeit aus dem Auge verlieren und die Leistung zurückgehen könnte. Wenn Sie jedoch Ihren Mitarbeitern Ziele vorgeben oder mit ihnen vereinbaren, werden Ihre Mitarbeiter ihr eigenes Verhalten danach ausrichten und sie haben so selbst auch gleichzeitig die Möglichkeit, eigene Ideen einzubringen. Dies steigert die Motivation und die Qualität der Arbeit.

Tipps und Regeln

Tipp 1: *Zielvereinbarungen mit Mitarbeitern oder mit der eigenen Führungskraft motiviert und wirkt aktivierend.*
Tipp 2: *Die Wirkung von guter Zielvereinbarung lässt sich mit „klotzen statt kleckern" beschreiben.*

3.2. Der Prozess des Zielorientierten Führens

Im Schaubild auf der nächsten Seite wird der gesamte Ablauf der Zielvereinbarung deutlich gemacht und kurz erläutert.

Strategie: Ist Vorraussetzung zur Zielableitung. Denn Sinn der Zielvereinbarung ist, die Energie und das Handeln aller so auszurichten, dass damit die Strategie besser erreicht wird. Die Strategie muss klar kommuniziert werden und die jeweiligen Verantwortungen müssen definiert sein.
Ziele: Anspruchsvoll und realistisch. Für den Mitarbeiter stellt sich die Frage: Was kann ich im Rahmen meiner Aufgaben und Verantwortung zu diesen strategischen Herausforderungen beitragen?
Koordination: Mitarbeiter können ihre Ziele meist nicht isoliert realisieren. Ziele sollten deshalb transparent sein. Außerdem wird dadurch das Kollegenverhalten besser nachvollziehbar.
Zwischenziele/Meilensteine: Abweichungen können so frühzeitig erkannt und Gegenmaßnahmen besprochen werden. Dies ist abhängig von der Qualifikation der Mitarbeiter. Wichtig sind diese Zwischenziele und Gespräche vor allem bei neuen Mitarbeitern. Außerdem lassen sich dadurch auch notwendige Zielanpassungen durchführen.

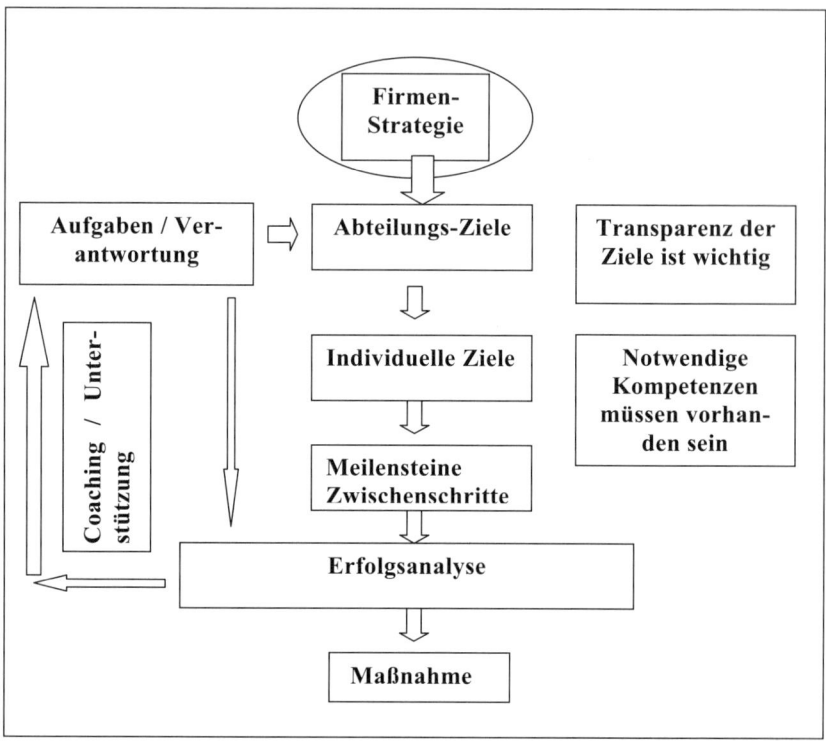

Kompetenzen: Ziele beschreiben den erwarteten Endzustand. Kompetenzen beschreiben die Fähigkeiten, die der Mitarbeiter mitbringen muss, um das Resultat erreichen zu können. Deshalb ist es auch wichtig abzuklären, ob der Mitarbeiter die notwendigen Kompetenzen besitzt.

Erfolgsanalyse/Kontrolle: Ziele machen nur Sinn, wenn auch die Erreichung bzw. Nichterreichung überprüft wird. Nur der Zielereichungsgrad ist die Basis für neue Ziele und vor allem auch für Qualifizierungsmaßnahmen bei den Mitarbeitern. Die Zielereichung ist auch die Basis für die Prämie.

Unterstützung bzw. Coaching: Sie als Führungskraft sind verantwortlich dafür, dass der Mitarbeiter die notwendigen Kompetenzen zur Zielerreichung besitzt bzw. u.U. an einem anderen Arbeitsplatz eingesetzt wird.

Aufgaben/ Verantwortung: Mit Zielen werden immer nur einzelne Elemente aus dem Verantwortungsbereich eines Mitarbeiters herausgegriffen und priorisiert. Eine klare Funktions- / Zuständigkeitsbeschreibung ist zwingende Voraussetzung für eine erfolgreiche Zielvereinbarung.

3.3. Das Problem mit Anspruchsvollen Zielen

Das Problem ist weniger, Ziele zu formulieren, sondern dabei eine sinnvolle Herausforderung zu erreichen. Ziele sollen nicht zu niedrig aber auch nicht unrealistisch hoch sein. Deshalb sollten Ziele nicht dort liegen wo die Wahrscheinlichkeit der Zielerreichung am wahrscheinlichsten ist, sondern dort wo die wirklich optimale, aber noch realistische Lösung anzusehen ist.

Was ist ein sinnvolles Anspruchsniveau?

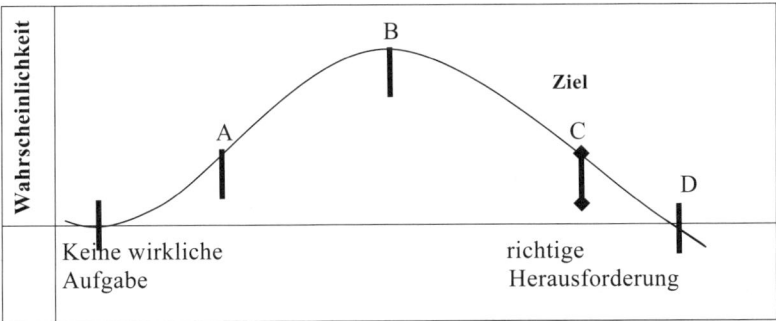

Nur unterwürfige und unsichere Mitarbeiter werden unrealistische Ziele akzeptieren. Deshalb scheidet D aus. Ebenso scheidet A aus. Die Leistungsfähigkeit von Mitarbeitern kann nie mit anspruchslosen Zielen wachsen. Zufrieden oder gar stolz können wir nur sein, wenn wir anspruchsvolle Ziele erreichen = C. Nur dies wirkt sich wieder positiv auf die Motivation und die Leistungsfähigkeit der Abteilung/Firma aus. Selbst eine Übererfüllung von anspruchslosen Zielen führt zu keiner Motivationssteigerung. Die Leistungsfähigkeit der Firma reduziert sich und der Mitarbeiter sieht keinen Grund, irgend etwas an seinem Verhalten zu ändern. Fazit: Der beste Weg zur Stagnation sind anspruchslose Ziele.

3.4. Wie werden Ziele richtig formuliert?

Tipps und Regeln
Tipp 1: *Beachten Sie folgende Regeln bei der Zielformulierung:*
- *Ziele werden realistisch formuliert*
- *Ziele werden in der Gegenwartsform formuliert*
- *Ziele werden konkret bzw. messbar formuliert*
- *Ziele werden in der Satzkonstruktion einfach formuliert*
- *Ziele werden positiv formuliert*
- *Ziele sollten mit dem sozialen Umfeld kompatibel sein*

Ziele werden realistisch formuliert

Ziele sollen motivierend sein. Dies setzt voraus, dass die Vereinbarungen realistisch sind und der Mitarbeiter diese Ziele auch als Herausforderung sehen kann. In der Praxis wird es natürlich zwischen den einzelnen Mitarbeitern und Ihnen immer wieder zu Diskussionen darüber kommen, ob die Ziele tatsächlich erreichbar sind. Dies vor allem dann, wenn ein Teil des Gehaltes mit der Zielereichung verbunden ist. Ziele sollen aber auch nicht zu niedrig angesetzt werden, da diese sonst bei der Zielereichung keinen motivationalen Effekt haben. Die Folgen von anspruchslosen Zielen sind u.a.: Keine Erfolgserlebnisse bei der Zielerreichung, Rückgang der Motivation, kein Ansporn um z.B. Prozesse zu optimieren und natürlich auch schwache Betriebsergebnisse. Weiter ist dabei zu beachten, dass die Ziele auch wirklich von Mitarbeitern eigenverantwortlich erreicht werden können und die Zielerreichung nicht von anderen Faktoren abhängig sind.

Ziele werden in der Gegenwartsform formuliert

Ziele sind dann besonders hilfreich, wenn diese „im Unterbewusstsein" wirken können. Damit dies möglich ist, „tun Sie so, als ob Sie das Ziel schon erreicht hätten". Beispiel: *„Ich treibe regelmäßig Sport"* (Nicht: Ich werde regelmäßig Sport betreiben; was grammatikalisch jedoch richtig wäre). Wenn Ihre Mitarbeiter oder Sie persönlich ein klares Ziel, bzw. ein klares Bild des Ziels im Kopf haben, dann brauchen Sie deutlich weniger Energie, um genau dort hinzukommen, wo Sie hinkommen möchten. Das können Sie z.B. beim Skifahren beobachten. Wenn Sie oben am Berg wissen, wo Sie hinfahren möchten, also bereits hier ein Bild Ihres Ziels im Kopf haben, dann müssen Sie sich während der Fahrt keine Gedanken mehr darüber zu machen, da dann der Entscheidungsprozess, ob Sie jeweils nach links oder rechts fahren, völlig automatisch abläuft.

Ziele werden konkret bzw. messbar formuliert

Nur wenn Sie klar festlegen, ab wann die Ziele erreicht sind, werden Sie sich mit Ihrem Mitarbeiter unmissverständlich über Erreichung bzw. Nichterreichung austauschen können. Außerdem werden Sie im positiven Fall der Zielerreichung den entsprechend wichtigen motivierenden Effekte erreichen bzw. im negativen Fall dem Mitarbeiter ein klares Feedback geben können und konkrete Maßnahmen zur Zielerreichung formulieren können.
Damit Sie sich selbst vergewissern können, ob das Ziel konkret formuliert ist, sollten Sie immer wieder folgendes prüfen: Könnte eine fremde Person eindeutig feststellen, ob das Ziel erreicht ist? Wenn Sie dies bejahen können, dann ist die Formulierung richtig.
Mögliche Kriterien sind: konkrete Zeit (z.B. bis zum 14. April), konkrete Mengen (max. zwei Stück/Vorgänge pro Tag), Wirkung auf Andere (z.B. Kundenanfragen nehmen um 6 % zu) und als letztes Kriterium die Kosten, (z.B. Kosten werden um 4% reduziert).

Beispiele:
Negative Beispiele:
1. Ich werde in Zukunft ordentlicher Arbeiten
2. Ich werde in Zukunft um 12 % mehr Kunden akquirieren
3. Ich werde in Zukunft weniger Fehler machen
Positive Beispiele:
1. Ich räume täglich meinen Schreibtisch auf
2. Ich trage alle meine Termine in meinen Kalender ein und prüfe diese täglich
3. Ich akquiriere im nächsten Jahr 25 neue Kunden
4. Bis im Sommer beherrsche ich den Grundwortschatz in Englisch.

Ziele sind in der Satzkonstruktion einfach formuliert

Nur dann, wenn die Formulierungen „eingängig" sind, können diese klar und deutlich im Kopf als Bild wirken.

Beispiel:
Kompliziert formuliert: Ich werde mich im nächsten Jahr, wenn ich mich in meiner neuen Position etwas wohler fühle und mehr Energie für andere Sachen habe, wieder mehr um meine Weiterbildung kümmern, in dem ich regelmäßig Bücher lese.
Einfach Formuliert: Im nächsten Jahr lese ich jeden zweiten Monat ein Fachbuch.

Ziele werden positiv formuliert

Bei dieser Regel kommt folgendes Gesetz zum Tragen: *Das, was wir uns vorstellen, ist unser Ziel.* Das bedeutet umgekehrt, dass, wenn wir uns vorstellen

„was wir nicht mehr möchten", dann genau dies eintreten wird. Der Grund hierfür ist, dass es nicht möglich ist, sich etwas nicht vorzustellen. Beispiel: „Stellen Sie sich jetzt bitte keinen Elefanten vor". Ich bin mir sicher, dass Sie sich heute noch keinen Elefanten vorgestellt haben. Jetzt aber durch diese Formulierung indirekt dazu aufgefordert werden. Sie kennen sicher die Situation, in der ein Maler ein Schild an den Türrahmen mit folgender Aufschrift hängt: „Bitte nicht berühren, frisch gestrichen". Was Sie tun werden, wenn Sie dies lesen ist klar.

Richtige Formulierungen sind z.B.:

Ich konzentriere mich bei der Arbeit.	Statt: Ich werde mich nicht mehr ablenken lassen.
Ich höre meinen Kunden zu.	Statt: Ich werde weniger unterbrechen.
Bitte bleiben Sie auf dem Weg.	Statt: Rasen bitte nicht betreten.
Ich bin stark.	Statt: Keine Macht den Drogen.

Ziele sollten mit dem sozialen Umfeld kompatibel sein

Wenn Mitarbeiterziele mit Interessen anderer Kollegen konkurrieren oder in Konkurrenz zu Kunden oder Abteilungen stehen, kommt es zwangsläufig zu Konflikten.

Beispiel:
Stellen Sie sich vor, Sie vereinbaren mit dem Mitarbeiter Schmidt, ohne jedoch vorher mit dem Mitarbeiter Meier zu reden, folgendes: „Sie (der Mitarbeiter Schmidt) führen das Projekt bis zum 31.10. zu Ende und konzentrieren sich voll auf diese Aufgabe. Die Aufgabe X übernimmt bis zu diesem Zeitpunkt der Kollege Meier". Ich denke, die Reaktion des Mitarbeiters Meier lässt sich gut vorhersagen.

Bitte formulieren Sie zum üben folgende Beispiele nach obigen Regeln um:
a. Ich werde in Zukunft in Besprechungen nicht mehr persönlich werden.

....

b. Ich werde aufhören zu Rauchen.

....

c. Ab sofort trinke ich keinen Alkohol mehr.

....

d. Beim Telefonieren werde ich nicht mehr so lange reden.

....

e. Im nächsten Jahr werde ich 30 Kunden mehr akquirieren.

....

Mögliche Lösungen: a) Bei Besprechungen bleibe ich sachlich. b) Ab dem 1.10. lebe ich gesund. c) Ab sofort trinke ich Mineralwasser. d) Nach meinem Urlaub fasse ich mich bei allen Telefonaten kurz. e) Ich akquiriere im nächsten Jahr 95 neue Kunden.

3.5. Management by Objectives (MbO) oder wie werden mit den Mitarbeitern Zielvereinbarungsgespräche geführt?

Bevor Sie mit Ihren Mitarbeiterinnen und Mitarbeitern Zielvereinbarungsgespräche führen können, sollten Sie mit Ihren eigenen Vorgesetzten Ihre Ziele für Sie bzw. Ihre Abteilung/Team klären (siehe hierzu auch Kapitel 1). Diese Zielvereinbarung präsentieren Sie Ihren Mitarbeitern in einer speziellen Team-/Abteilungsbesprechung. Hierbei ist es wichtig, dass den Mitarbeitern die Ziele inhaltlich verständlich und die Bedeutung der jeweiligen Ziele klar werden. Das gelingt Ihnen am besten dadurch, indem Sie dabei die Vorteile für die Firma und die Abteilungen/Team deutlich machen und den Mitarbeitern Zeit zum Fragen geben und diese Fragen ausführlich beantworten. Dadurch wird den Mitarbeitern Ihr eigener Anspruch und die jeweiligen Schwerpunkte der Arbeit deutlich und deren Ziele können so besser nachvollzogen und der Sinn besser verstanden werden.

Zielvereinbarungsgespräche werden geführt, damit der Mitarbeiter möglichst eigenverantwortlich im Rahmen der vereinbarten Grenzen selbständig arbeiten kann. Zunehmend häufiger werden Zielvereinbarungsgespräche auch geführt, um eine leistungsorientierte Bezahlung zu realisieren. Der Zielerreichungsgrad bestimmt dann, wie hoch der variable Anteil des Gehaltes sein wird.

Gesprächsstruktur des Zielvereinbarungsgesprächs

Einladung zum Gespräch

Der Mitarbeiter wird zum Zielvereinbarungsgespräch persönlich eingeladen, in dem Sie den Grund des Gesprächs nennen. Dies ist für die Vorbereitung des Mitarbeiters wichtig. Aber auch, damit der Mitarbeiter weiß um was es geht und mit einem sicheren Gefühl zu Ihnen kommt und nicht verunsichert ist. Z.B.

Herr /Frau Mitarbeiter/in ich möchte gerne mit Ihnen über Ihre Aufgaben und Ziele für das nächste Jahr sprechen. Mir ist es wichtig, dass dieses Gespräch auf einer fundierten Basis stattfindet und deshalb bitte ich Sie, dass Sie sich auf der Grundlage unserer Abteilungsziele Gedanken machen, welche Ziele aus Ihrer Sicht für Sie persönlich sinnvoll, notwendig und wichtig sind, bzw. welche Schwerpunkte Sie setzen würden, um so einen substantiellen Beitrag zur Erreichung der Abteilungsziele zu leisten.

Das Gespräch

Zu Beginn des Gespräches sollten Sie eine positive, entspannte Atmosphäre herstellen. Nur so werden Sie es schaffen, dass sich der Mitarbeiter öffnet und Ihnen auch die Informationen gibt, die Sie für Ihre Aufgaben als Führungskraft benötigen. Hierzu können Sie privates ansprechen. Gerade in der Anfangszeit, in der Sie den Mitarbeiter noch nicht so gut kennen, kann es sein, dass es schwierig wird ein Thema zu finden, mit dem Sie einsteigen können.

Sicherlich ist dies davon abhängig, wie gut Sie den Mitarbeiter bereits kennen und ob Sie selbst ein Mensch sind, dem es leicht fällt, persönliche Dinge bei noch recht unbekannten Menschen anzusprechen. Wenn Sie sich für einen persönlichen Einstieg entscheiden sollten, dann empfehle ich Ihnen, auch wirklich Interesse zu zeigen und zuzuhören. Ich finde es peinlich, wenn Führungskräfte nur deshalb persönliche Fragen oder Interesse „vorheucheln", weil es in jedem Lehrbuch empfohlen wird. Das wahre Interesse am Mitarbeiter wird durch winzige Körpersignale gezeigt, die wir im Gespräch meist unterbewusst wahrnehmen. Desinteresse kann z.b. dadurch zum Ausdruck kommen, dass der Blick der Führungskraft, nach dem sie die Frage „Wie geht es Ihnen?" gestellt hat, schnell in die eigenen vorbereiteten Unterlagen geht, gedanklich bereits beim nächsten Satz ist und sie dadurch nicht die notwendige Wertschätzung zeigt. Damit hätten Sie den ersten Schritt zu Ihrer persönlichen Unglaubwürdigkeit getan. Ich empfehle Ihnen hier, dass Sie lieber sofort zum Thema kommen, bevor Sie diesen Vertrauensbruch begehen.

Insgesamt eignen sich W-Fragen, die auch offene Fragen genannt werden, zum Einstieg. Offen Fragen heißen diese Fragen deshalb, da der Mitarbeiter offen antworten kann.

Beispiel:
- Was macht Ihnen an Ihrem Beruf am meisten Spaß?
- Wo sehen Sie Ihre persönlichen Stärken?
- Ich habe mitbekommen, dass Sie im Urlaub waren. Was haben Sie gemacht?

Jetzt geht es zum Inhalt des Gespräches. Sie sollten zu Beginn nochmals den Anlass des Gesprächs deutlich machen und aufzeigen, welches Ziel Sie mit diesem Gespräch verfolgen. Außerdem sollten Sie den zeitlichen Rahmen definieren. Die Darstellung dieser Punkte gibt dem Mitarbeiter Sicherheit, und beide Gesprächspartner orientieren sich zeitlich an dieser Vorgabe.

Im nächsten Schritt, bitten Sie den Mitarbeiter, seine Vorstellungen über die Ziele und Schwerpunkt seiner Arbeit darzustellen. Hierbei fragen Sie immer wieder vertiefend nach und machen diese Punkte für sich persönlich deutlich.

Beispiel:
Guten Tag Herr Mitarbeiter, es freut mich, dass es mit dem Gespräch so schnell geklappt hat.
Ich habe gehört, dass Sie im Urlaub waren und erst seit drei Tagen wieder zurück sind. Darf ich fragen, wo Sie waren?
Herr Mitarbeiter ich möchte ganz gerne mit Ihnen heute über Ihre Aufgaben, Ziele und Schwerpunkte in der Zukunft sprechen.
Dies ist für uns beide wichtig, damit wir uns in die gleiche Richtung bewegen und uns gegenseitig optimal ergänzen und unterstützen können und Sie Klarheit für Ihre Aufgaben erhalten.
Ich stelle mir vor, dass wir hierfür ca. 1 ½ Stunden benötigen.
Bei unserer Teambesprechung habe ich Ihnen die Ziele, die ich mit meinem

Chef für mich und die Abteilung vereinbart habe, dargestellt.
Wie stellen Sie sich vor, dass Sie diese Ziele durch Ihre Arbeit unterstützen
können?
Aus meiner Sicht ist es notwendig, dass ...
(Jetzt werden die Meinungen diskutiert und eine möglichst hohe Überlappung
angestrebt. Einen der größten Fehler den Sie hierbei machen können ist, dass
Sie sich auf den kleinsten gemeinsamen Nenner verständigen. Die Unterneh-
mensziele / Abteilungsziele sind bereits festgelegt, und Sie werden an Ihrer
Zielerreichung gemessen. Ziel ist es deshalb, dass Sie mit den Mitarbeitern
klären, wie die Abteilungs- / Teamziele erreicht werden können und welcher
Mitarbeiter welchen Beitrag dazu leistet).

Formulierungsbeispiele für schwierige Zielvereinbarungsgespräche

Empfehlung genereller Art:
Als Einstieg in das Zielvereinbarungsgespräch sollten Sie die positiven Seiten
hervorheben.
• Was mir bei Ihnen gut gefällt ist ....
• Ich möchte hier nochmals betonen, dass Sie unschlagbar sind wenn es um
  ...
• Ich weiß dass man sich auf Sie verlassen kann.
Übergang zu kritischen Aspekten
• Einerseits sind Sie sehr zuverlässig, was ich z.b. bei Aufgabe y immer
  wieder beobachten konnte. Andererseits kann ich nicht verstehen, dass Sie
  sich in den letzten 2 Monaten nicht konsequenter an Ihre Arbeit gemacht
  haben um die Ziele doch noch zu ereichen.
Kritische Situationen
• Natürlich kann ich versehen, dass Sie Ihre Leistung anders bewerten. Ich
  nehme aber auch an, dass Ihnen auch klar ist, dass dies hier kein Kuhhan-
  del ist.
• Meine Aufgabe hier ist es, Ihre Leistung (fair) zu bewerten und Ihnen
  deutlich zu machen, wie ich Ihre Zielerreichung einschätze.
• Natürlich sind die Rahmenbedingungen/der Markt/die Wettbewerbsituation
  schwierig. Aber gerade deshalb haben wir die Zielvereinbarung, so dass
  Sie die größtmögliche Freiheit haben um mit Ihren Kompetenzen die Auf-
  gaben zu erledigen, und außerdem genau wissen, was wir/ich von Ihnen
  erwarte/n.
• Wenn alle Kunden freiwillig zu uns kommen würden, bräuchten wir keine
  Zielvereinbarung.
• Wenn die Marktbedingungen einfach wären, würden wir mit einem Bruch-
  teil der Mitarbeiter auskommen.
• Natürlich versehe ich, dass dies im ersten Moment für Sie frustrierend ist.
  Aber wenn Ihre Leistung auf Grund dessen im nächsten Jahr weiter niedrig

bleibt, werden Sie im nächsten Jahr wieder eine niedrige Zielprämie erreichen.

- Was bringt es Ihnen/uns wenn wir die Ziele niedrig ansetzen würden und
damit auch die Geschäftsergebnisse schlechter wären. Unterm Strich gäbe
es dann weniger zu verteilen.
- Ich kann mir nicht vorstellen, dass es Ihr Interesse ist, in Zukunft die Leis-
tungsprämie unabhängig der Zielerreichung ausbezahlt zu bekommen.
- Ich mache jetzt seit X-Jahren diesen Job. Und fast jeder Mitarbeiter ist der
Meinung, dass das eigene (Aufgaben-) Gebiet besonders (schwer) schwach
wäre und sich deshalb benachteiligt fühlt. Wäre es Ihnen lieber wenn jeder
gleich und unabhängig seiner Leistung bezahlt werden würde?
- Wollen Sie damit sagen, dass ich mich unfair verhalte?
- Wenn Sie der Meinung sind, dass ich Sie (bei ihren Schwächen) falsch
eingestuft habe, wo habe ich Sie dann bei Ihren Stärken falsch einge-
schätzt?
- Sind Sie der Meinung, dass Sie alles richtig gemacht haben und es keine
Möglichkeit gibt, was Sie hätten besser machen können, um die Ziele zu
erreichen?
- Egal wie ich mich verhalte, es wird immer so sein, dass man eine Zielerreichung oder Übererfüllung hinnimmt und bei der Nichterfüllung Mühe
hat, dies zu akzeptieren.
- Mitarbeiter, ich kann dies nicht nachvollziehen. Wir haben mehrmals innerhalb der letzten Monate über Ihr Verhalten geredet und es hat sich
nichts verbessert. Und deshalb kann ich nicht verstehen, weshalb Sie jetzt
so überrascht sind, dass ich Ihr Verhalten als schwach/nicht ausreichend
einstufe.
- Das Gespräch jetzt soll ja auch dazu dienen mit Ihnen gemeinsam Ihre
Schwächen zu definieren, damit wir uns klar werden können, wie Sie diese
reduzieren können.
- Wenn ich Sie jetzt besser bewerte als Sie sind, welche Motivation haben
Sie dann, sich im nächsten Jahr weiter zu entwickeln?
- Natürlich kann ich das verstehen. Aber Sie haben trotz des Feedbacks von
mir in den letzten 3 Monaten an Ihrem Verhalten nichts verändert. Also
weshalb soll ich Sie jetzt besser bewerten als ich Sie einstufe?

Tipps und Regeln

Tipp 1: *In einer Teambesprechung verdeutlichen Sie die Ziele, die Sie
mit Ihrer Führungskraft für Ihr Team vereinbart haben*

Tipp 2: *Die Mitarbeiter werden persönlich zu Gesprächen eingeladen*

Tipp 3: *Das Gesprächsziel wird deutlich gemacht*

Tipp 4: *Die Mitarbeiter bereiten sich auf das Gespräch vor*

Tipp 5:	*Zu Beginn stellen Sie eine positive Atmosphäre her*
Tipp 6:	*Der Mitarbeiter macht seine Sichtweise und Zielvorstellung deutlich*
Tipp 7:	*Dann machen Sie Ihre Ziele und Erwartungen den Mitarbeitern deutlich*
Tipp 8:	*Beachten Sie, dass Sie sich nicht auf den kleinsten gemeinsamen Nenner verständigen.*

Die einzige Möglichkeit, Menschen
zu motivieren, ist die Kommunikation.
Lee Iacocca

4. Wie motiviere ich meine Mitarbeiter?

4.1. Was versteht man unter Motivation?
4.2. Welche Möglichkeiten zur Motivationssteigerung gibt es?
4.3. Wie entsteht Vertrauen zu Ihren Mitarbeitern?

4.1. Was versteht man unter Motivation?

Diese Frage ist sicherlich mit einer der Fragen, die von Führungskräften am häufigsten gestellt werden. So gut wie in jedem Führungsseminar wird diesem Thema viel Zeit gewidmet und sehr kontrovers diskutiert. Die Meinungen gehen hierbei vor allem bei den Methoden der Motivation auseinander. Grundsätzlich stellt sich die Frage, ob man Mitarbeiter überhaupt motivieren kann? Diese Frage können Sie sich auch selbst stellen. Kann Ihr Chef Sie zu etwas motivieren? Ich denke, wie es auch in allen wissenschaftlichen Untersuchungen nachzulesen ist und wie auch die Erfahrung zeigt, sind wir Menschen von uns aus bereits motiviert. Sehr gut lässt sich das bei kleinen Kindern beobachten. Hier kann man beobachten, welchen Drang Kinder haben und wie neugierig sie sind und immer wieder nach vorne drängen. Es zeigt sich jedoch auch, wie oft Kinder durch die Eltern oder die Umgebung gebremst werden.

Hierzu eine kleine Anekdote. Der kleine Fritz ist zweieinhalb Jahre alt und geht mit seiner Mutter in den Supermarkt zum Einkaufen. Der kleine Fritz rennt zwischen den Regalen hin und her, solange bis er seine Mutter nicht mehr findet. Eine Verkäufern findet ihn schließlich, fragt ihn nach seinem Namen und sagt dann über den Lautsprecher folgendes: Der kleine „Fritz Lass das", sucht seine Mutter und kann im Büro abgeholt werden. Dieses Beispiel zeigt, wie intensiv wir durch die Umgebung geprägt werden, und diese Prägung dann langjährigen Einfluss auf uns hat.
Jetzt zurück zum Arbeitsleben. Wie sieht es hier damit aus, dass wir Mitarbeiter positiv und negativ beeinflussen, und z.T. blockieren und demotivieren?

Ich gehe erst einmal davon aus, dass so gut wie alle Mitarbeiter, wenn Sie eingestellt werden, motiviert sind (sonst würden sie nicht eingestellt werden). Erst einmal eingestellt, stellt sich die Frage, inwieweit es Ihnen als Führungskraft gelingt, Rahmenbedingungen zu schaffen, in denen Motivation entstehen kann, damit Mitarbeiter morgens gerne zur Arbeit kommen Ich bitte Sie selbst einmal darüber nachzudenken, wie bei Ihnen morgens der Entscheidungsprozess zum Aufstehen aussieht. Sie liegen im Bett, der Wecker klingelt und sind noch richtig müde und fühlen sich auch nicht so wohl wie an vielen anderen Tagen. Draußen regnet es, es ist noch dunkel und Sie sollen jetzt in der noch recht kalten Wohnung aufstehen und zur Arbeit gehen. Die Entscheidung hängt mit starker Sicherheit davon ab, wie gut Ihnen im Moment Ihre Arbeit gefällt und wie gut Sie mit Ihren Kollegen und Ihrer Führungskraft auskommen.

Wenn Sie sich noch im Bett die Aussichten auf eine angenehme Atmosphäre, auf Spaß an der Arbeit usw. vorstellen können, ist die Wahrscheinlichkeit groß, das Sie sich zur Arbeit entscheiden. Sicherlich spielt bei dieser Entscheidung auch die persönliche Loyalität und das Pflichtbewusstsein eine Rolle. Dies wird aber für ein erfolgreiches Arbeiten nicht ausreichen.

Als Konsequenz stellt sich die Frage, was Sie tun können, damit Ihre Mitarbeiter gerne zur Arbeit kommen? Was können Sie tun, damit eine innere Kraft im Mitarbeiter erzeugt wird, die ihn zum zielorientierten und engagierten arbeiten motiviert? Mit diesem Thema beschäftigt sich das nächste Kapitel.

Tipps und Regeln

Tipp 1:   *Bei der Motivation handelt es sich um einen inneren Antrieb, der uns dazu anregt, etwas bewegen zu wollen und Ziele zu erreichen.*

Tipp 2:   *In der beruflichen Praxis geht es demnach um die Frage: Was hat der Mitarbeiter für „Gründe sich zu engagieren um Ziele zu erreichen? Als Folge daraus stellt sich für Sie persönlich als Führungskraft die Frage: Was tragen Sie zur Motivation der Mitarbeiter bei?*

4.2. Welche Möglichkeiten zur Motivationssteigerung gibt es?

„Jeder Chef hat die Mitarbeiter, die er verdient. "
(Aussage einer erfahrenen Führungskraft)

Klar ist, dass es nicht möglich ist, Mitarbeiter auf Dauer durch äußere Anreize, wie Geld, Karriere, verbesserte Arbeitsbedingungen, Erleichterung bei der normalen Arbeit oder durch Druck, zu motivieren.

Warum nicht? Viele Führungskräfte stellen sich das Prinzip der Motivation entsprechend physikalischer Prinzipien vor. Eine träge Masse kann entweder durch Druck oder durch Zug in Bewegung gesetzt werden. In der Führungspraxis heißen die vergleichbaren Vorgänge: Zuckerbrot und Peitsche. Motivierung im engeren Sinne bedeutet jedoch, dass eine innere Kraft in einer Person generiert wird, die im Mitarbeiter einen inneren Drang erzeugt. Um diese innere Kraft zu entwickeln, ist es notwendig, dass Sie einen „persönlichen Draht" zum Mitarbeiter herstellen und ihn als Mensch und nicht nur als Funktionsträger sehen. Erst dann haben Sie eine Chance, den Mitarbeiter mit allen seinen Erwartungen und Bedürfnissen verstehen zu können, was wiederum Voraussetzung dafür ist, sich auf ihn einzustellen und mit ihm gemeinsam zu besprechen, wie er/sie unter den gegebenen Umständen die Ziele erreichen und den Anforderungen gerecht werden kann.

Dies heißt für Sie, dass Sie sich auf jeden einzelnen Mitarbeiter individuell einstellen und sich mit ihm auseinandersetzen müssen. Dafür benötigen Sie Zeit, Einfühlungsvermögen, Überzeugungskraft, eine klare eigene Vorstellung und die Überzeugung, Ihre Ziele selbst mit Ihrer Mannschaft erreichen zu können. Um aber auch unmissverständlich deutlich zu machen, geht es nicht darum, Ziele zu vernachlässigen oder Qualitätsansprüche zu reduzieren. Es geht darum, mit den Mitarbeitern individuell abzuklären, welchen Beitrag er zum Erfolg beiträgt und er die definierten Ziele erreicht, bzw. den Anforderungen gerecht wird.

Die in der Praxis oft ablaufenden „Motivierungsversuche" stellen eher Manipulationsversuche oder Überredungsgespräche dar.

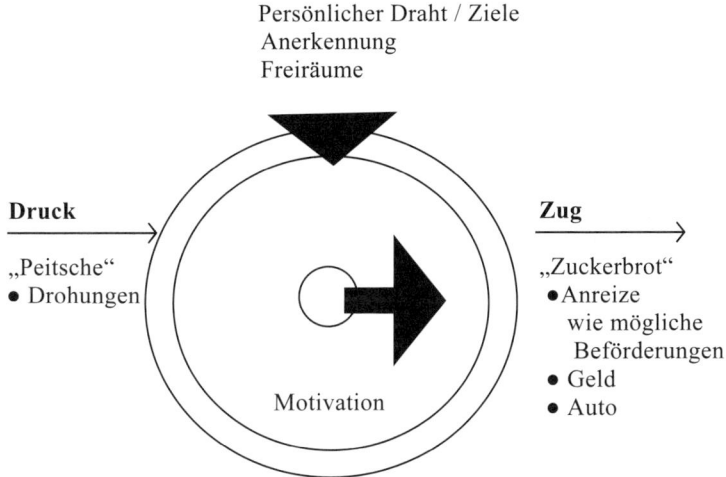

Tipps und Regeln

Die wichtigsten Voraussetzungen für eine echte Mitarbeitermotivation sind:

Tipp 1:   Eine gleichgewichtige partnerschaftliche Beziehung

Tipp2:   Vertrauensaufbau

Tipp 3:   Das Schaffen eines persönlichen Drahts

Tipp 4:   Die Definition von Arbeitszielen, mit denen sich der Mitarbeiter identifizieren kann

Tipp 5:   Rückmeldung über die Arbeitsergebnisse und Anerkennung

Tipp 6:   Mitarbeiter in die Entscheidungsprozesse einbeziehen

Tipp 7:   Vorbildlich und wertschätzend sein

Tipp 8:   Informieren und Transparenz schaffen

Schon seit fast 50 Jahren ist bekannt, dass sich materielle Dinge, wie Gehalt, Arbeitsplatzausstattung, Firmenwagen usw. nicht/kaum zur Motivation eignen.

Diese Dinge eignen sich höchstens zur Reduzierung der Unzufriedenheit. Füh-ren aber mittelfristig dazu, dass die Ansprüche immer höher werden. Stellen Sie sich vor, alle Außendienstmitarbeiter würden einen luxuriöseren Firmen-wagen erhalten. Es wird folgendes passieren: Nach einiger Zeit, wird der neue Firmenwagen zum Standard. Dann wird es z.b. besonders erfolgreiche Mitar-beiter/ Führungskräfte geben, die dann wieder einen noch besseren Wagen fahren wollen. Mittelfristig sensibilisiert die Verbesserung der Arbeitsumge-bung die Mitarbeiter für genau solche Arbeitsbedingungsfaktoren und provo-ziert den Wunsch, es noch besser habe zu wollen. Sehr gut kann man dies in Branchen beobachten, denen es seit vielen Jahren finanziell sehr gut geht. Hier lässt sich beobachten, dass zwar die Einrichtungen sehr exklusiv sind, die Mitarbeiter sehr viele Vorzüge besitzen und viele Dinge bequemer als in ande-ren Firmen haben. Bis heute konnte ich jedoch keinen Zusammenhang zwi-schen der Arbeitszufriedenheit und Motivation und dem Luxus am Arbeits-platz feststellen. Ganz deutlich lässt sich dies bei sogenannten „Garagenfir-men" beobachten. Die Motivation der Mitarbeiter, die in solchen Firmen ar-beiten ist hoch, obwohl die Arbeitsbedingungen hier meist sehr bescheiden sind.

Zusammenfassend lässt sich das so formulieren: Gute Ideen bringen viel Geld. Aber viel Geld bringen keine Ideen (Autor unbekannt).

Was wirklich motivierend wirkt, sind die „ideellen Rahmenbedingungen". Es geht um die Frage, was tun Sie als Führungskraft dafür, dass Mitarbeiter unter leistungsfördernden und motivierenden Rahmenbedingungen arbeiten können? Wenn Sie sich auf folgende Faktoren konzentrieren, dann tun Sie sehr viel dafür, dass Ihre Mitarbeiter einen Arbeitsplatz haben, an dem sie motiviert und mit Spaß arbeiten werden.

Klare Ziele

Nur wenn Mitarbeiter klare Ziele haben, können sie selbständig in Ihrem Sin-ne arbeiten. Ziele geben die Richtung vor, so dass Mitarbeiter ihr Engagement darauf ausrichten und sie bei der Zielerreichung Erfolgserlebnisse haben. (sie-he hierzu ausführlich das Kapitel 3).

Kontrolle / positives und kritisches Feedback

In der Praxis erlebe ich es immer wieder, dass viele Führungskräfte überrascht sind, dass Kontrolle motivationssteigernd sein soll. Mitarbeiterorientiertes oder kooperatives Führen und Kontrolle passt scheinbar auf den ersten Blick nicht zusammen. Diese überraschte Reaktion lässt sich dadurch erklären, dass die meisten von uns mit Kontrolle negative Erfahrungen gemacht haben. Der Grund ist, dass wir in der Schule, bei der Ausbildung oder im Beruf meist mit dem Ziel kontrolliert wurden, Fehler zu entdecken. Gehen Sie einmal in sich und prüfen Sie sich selbst, mit welchem Ziel Sie Ihre Mitarbeiter kontrollieren? Wesentlich konstruktiver für alle Beteiligten ist es, sich vom Mitarbeiter Rückmeldung (Feedback) über den Stand seiner Arbeit geben zu lassen. Dieses Feedback besteht ersts einmal aus Fakten. Die positiven Fakten werden positiv bewertet. Für Abweichungen von der Vereinbarung, wie z.b. dem Ziel, werden diese Abweichung festgestellt und dann Maßnahmen entwickelt oder aufgezeigt, die zur Zielerreichung und damit für den Erfolg notwendig sind. Wir Menschen können mit Verbesserungsvorschlägen viel besser umgehen als mit Kritik.

Tipps und Regeln

Auf was sollte beim Feedback geachtet werden?

Tipp 1:   *Feedback soll so konkret wie möglich sein.*
          Beispiel: „Ihre Formulierungsfähigkeit hat sich für mich insbesondere gezeigt in den Sätzen: ...“
          (Nicht: Sie können keine vollständigen Sätze bilden!)

Tipp 2:   *Teilen Sie Ihre Wahrnehmungen als Ihre Wahrnehmungen, Ihre Vermutungen als Ihre Vermutungen, Ihre Gefühle als Ihre Gefühle mit.*
          Beispiel: „Ich habe gesehen, dass Sie beim Reden stark gestikuliert haben, und dass Ihre Stimme kräftig geklungen hat. Dabei haben Sie uns alle im Blick gehabt. Ich vermute, Sie haben sich sehr sicher in Ihrer Rolle gefühlt. Auf mich hat das sehr überzeugend gewirkt.“ (Nicht: Sie sind sehr überzeugend, weil Sie so ein sicheres Auftreten haben).

Tipp 3:   *Feedback soll auch positive Gefühle und Wahrnehmungen umfassen.*
          Beispiel: „Sie haben auf mich sehr souverän gewirkt – vor allem durch Ihre lockere und offene Körperhaltung. Vor allem, dass Sie deutlich gesprochen haben, hat mir gut gefallen.“ (Nicht: Sie waren nicht so schüchtern, weniger verkrampft und haben nur selten genuschelt.)

Tipp 4:   *Feedback geben bedeutet, Informationen zu geben und nicht, die/den andere/n zu verändern*
          Beispiel: „Ich fand Ihre Präsentation gut. Ich würde mir jedoch wünschen, dass Sie ab und zu eine Pause machen oder etwas langsamer sprechen, damit ich besser mitschreiben kann.“ (Nicht: Ich fand Ihre Präsentation gut. Aber das nächste Mal müssen Sie langsamer sprechen, sonst kann man ja nicht mitschreiben.)

Wertschätzung, Anerkennung und Respekt

Für fast alle Menschen ist die Anerkennung bzw. Wertschätzung ein zentrales Bedürfnis. Wie wichtig uns Menschen dies ist, können Sie auch an sich selbst beobachten. Stellen Sie sich die Situation in einem Restaurant vor. Sie sind mit dem Essen und dem Service zufrieden. Sie bezahlen, und geben dem Kellner ein gutes Trinkgeld. Der Kellner steckt das Geld ein und ohne sich zu bedanken dreht er sich um und geht weg. In dieser Situation sind wahrscheinlich nicht nur Sie, sondern wir alle enttäuscht. Aber warum? Der Grund hierfür ist, dass der Wert (das Trinkgeld) nicht geschätzt wird. Für die Praxis bedeutet dies einfach, dass Sie dem Mitarbeiter gegenüber zeigen sollten, dass er wichtig ist, und Sie ihn schätzen. Ein Mitarbeiter, der nur noch Missachtung erfährt, und mit Ignoranz bestraft wird, wird nie engagiert arbeiten. Wie können Sie Wertschätzung zeigen? Wertschätzung zeigen Sie durch Aufmerksamkeit, Höflichkeit, persönliches Interesse an dem was der Mitarbeiter tut und durch Respekt.

Ähnlich verhält es sich mit der Anerkennung. Bei fast allen Untersuchungen zeigt sich, dass Mitarbeiter aller hierarchischen Ebenen die Anerkennung oder anders formuliert das Lob, am meisten vermissen. Hier stellt sich die Frage, ob es anmaßend ist, andere Personen zu bewerten. Ich schlage Ihnen vor, dass Sie dies für sich selbst prüfen. Beobachten Sie sich, wie Sie reagieren, wenn Sie von andern Menschen, z.b. von Ihrem Vorgesetzen gelobt werden. Problematisch halte ich jedoch ein Verhalten, in dem das Lob inflationär eingesetzt wird und damit an Wirkung verliert. Lob gibt es für Leistung und nicht zum schmeicheln.

Beispiel:
Viele Führungsgespräche beginnen mit: *„Frau/Herr Mitarbeiter/in Sie wissen ja, dass ich mit Ihrer Arbeit zufrieden bin ...".* Sie können sich sicher schon vorstellen, wie es jetzt weiter geht. In den meisten Fällen folgt nun Kritik. Z.B. *„... aber ich kann nicht mehr akzeptieren, dass Sie in Besprechungen immer wieder ..."*

Wir sind es gewohnt, Lob immer wieder in Verbindung mit Kritik zu formulieren. Ich glaube der Grund liegt darin, dass jede Führungskraft irgendwann einmal lernt, dass sie ihre Mitarbeiter loben soll. Dass „man" dies auch wirklich tut, fällt den meisten erst dann ein, wenn sie eigentlich kritisieren möchten. Psychologisch gesehen ist es nämlich besser, vor der Kritik ein Lob auszusprechen. (siehe folgendes Schaubild)

Wenn vor der Kritik ein Plus (Lob) auf die Waagschale des Selbstwertgefühles gelegt wird, dann können wir mit der Kritik leichter umgehen. Denn dann ist trotz der Kritik wieder ein Ausgleich geschaffen. Immer dann, wenn das Selbstwertgefühl stärker im negativen Bereich liegt, wir also erst kritisiert werden, reagieren wir mit Abwehr, Rechtfertigung oder Gegenangriffen.

Auf Dauer ist jedoch Lob auch nur dann wertschätzend, wenn es ehrlich verwendet wird und vor allem nicht nur in Verbindung mit Kritik.

Darstellung des Eskalationsprinzips bei einer Kritik

Ausgangssituation:
Ausgeglichenes Selbstwertgefühl. Negative und positive Erfahrungen halten sich die Waage. „ Ich fühle mich gut."

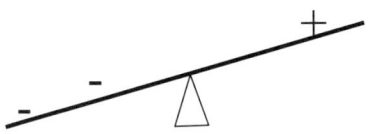

Situation nach einer Kritik:
Selbstwertgefühl ist verletzt, so dass eine Gegenreaktion zur Wiederherstellung des Gleichgewichtes ausgelöst wird.

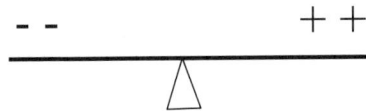

Nach Gegenreaktion ist die Balance wieder hergestellt:
Allerdings auf einem anderen Niveau. Die Situation ist angespannt. Der Mitarbeiter hat sich durch z.b. einen Gegenangriff ein Erfolgserlebnis (hier im Schaubild das +) geholt. Prinzip: Wie Du mir, so ich Dir.
Deshalb sollten Sie immer erst loben, bevor Sie kritisieren, denn dann hört Ihnen der Mitarbeiter noch zu.

Lob ist allerdings nur dann wirksam, wenn es konkret und differenziert formuliert ist. So konkret, dass sich der Mitarbeiter die Situation genau vorstellen kann. Z.B.: Ihren Bericht finde ich sehr gelungen. Ganz besonders gefällt mir die Struktur und die Argumente, die Sie im ersten Teil zum Widerlegen von XY verwendet haben". Nicht: „Mir gefällt Ihr Bericht sehr gut. Aber im letzen Absatz ...".
Durch ein positives Feedback, hier in Form von Lob, geben Sie den Mitarbeitern auch emotionale Sicherheit, die wiederum für eine gute und vertrauensvolle Zusammenarbeit wichtig ist.

Tipps und Regeln

Tipp 1:   *Lob und Anerkennung soll konkret sein. Am besten mit Beispielen verdeutlicht.*

Tipp 2:   *Lob soll hauptsächlich losgelöst von Kritik geäußert werden.*

Tipp 3:   *Bevor Kritik geäußert wird, soll der Mitarbeiter gelobt werden. Hierbei ist es jedoch wichtig, dass das Lob wirklich ernst gemeint ist und nicht zur Manipulation eingesetzt wird.*

Vorbild der Führungskraft

Ich bin davon überzeugt, dass „Vorbild sein" mit zu den wichtigsten Motivationsfaktoren überhaupt gehört. Selbst wenn die Arbeit richtig Spaß macht, Ihre Mitarbeiter über längere Zeit erfolgreich und engagiert arbeiten, aber keinen vorbildlichen Vorgesetzten haben, wirkt sich dies auf die Mitarbeiter negativ aus und die Motivation nimmt ab.

Als Führungskraft erwarten Sie selbstverständlich, dass Ihre Mitarbeiter z.B. kritikfähig sind. Aber wie verhalten Sie sich selbst, wenn Sie kritisiert werden? Können Sie selbst mit Kritik umgehen? Können Sie dann noch sachlich und zielorientiert bleiben? Mit Ihrem Verhalten in Kritiksituationen bestimmen Sie die Arbeitsatmosphäre stark mit. Prüfen Sie deshalb für sich selbst, ob Sie eine Arbeitsatmosphäre haben, in der sich die Mitarbeiter getrauen Kritik zu äußern, um damit auch die inhaltlichen Aufgaben qualitativ oder quantitativ voranzutreiben?

Wie sollen Mitarbeiter reagieren, wenn Sie täglich vorgelebt bekommen, wie man der Kritik ausweicht oder gar wiederum dafür kritisiert wird oder über lange Zeit hinweg mit Sanktionen rechnen muss? Diese Beispiele stehen stellvertretend für das ganze Führungsverhalten. Prüfen Sie sich selbst, was Sie z.B. in punkto Qualität, Zuverlässigkeit, Teamverhalten, Wertschätzung, usw. vorleben. Damit Sie sich hier im Laufe der Zeit wirklich vorbildlich verhalten können, empfehle ich Ihnen, dass Sie sich regelmäßig, z.B. jährlich von Ihren Mitarbeitern Rückmeldung geben lassen, in Form einer Vorgesetzen Rückmeldung. Seien Sie sich aber im klaren darüber, dass die Führungskräfte, die dies am wenigsten nötig haben, das ehrlichste Feedback bekommen. Autoritäre Führungskräfte dagegen bekommen meist das zu hören, was sie hören möchten.

In diesem Zusammenhang wird die Bedeutung des Vertrauens besonders deutlich. Hier geht es um die Fragen, ob Sie als Führungskraft selbst Ihren Mitarbeiten trauen? Dieses Verhalten wirkt sich wieder auf den Mitarbeiter aus. Umgekehrt geht es um die Frage: Können Ihnen Ihre Mitarbeiter trauen? Sind Sie berechenbar oder eher launisch? Können sich Ihre Mitarbeiter auf Sie verlassen, so dass auch sie in schwierigen Zeiten zu Ihnen stehen werden? Können Ihre Mitarbeiter mit Problemen zu Ihnen kommen? Können Ihre Mitarbeiter auch zu Ihnen kommen, wenn sie einen Fehler gemacht haben? Gibt es bei Ihnen eine Atmosphäre, in der man Fehler zugeben kann? Nur wenn Sie dies schaffen, haben Sie eine Chance, hochwertige Arbeit zu erhalten. Nur so ist es möglich, dass Fehler nicht vertuscht, sondern korrigiert werden, und sich die Arbeitsqualität dadurch steigert.

Tipps und Regeln

Tipp 1: *Prüfen Sie immer wieder ob Sie in Ihrem Verhalten vorbildlich sind. Lassen Sie sich immer wieder Rückmeldung geben.*

Tipp 2: *Prüfen Sie, mit welcher Absicht Sie Ihre Mitarbeiter kontrollieren.*

Tipp 3: *Zeigen Sie Ihren Mitarbeitern, dass Sie Ihnen vertrauen und zeigen Sie selbst Zivilcourage und setzen Sie sich für Ihre Mitarbeiter ein. So wird sich das Vertrauensverhältnis zunehmend steigern.*

Tipp 4: *Prüfen Sie, ob Sie in Ihrem Verhalten berechenbar sind*

Transparenz und Informationsfluss

Damit Mitarbeiter eigenverantwortlich arbeiten können, damit sie auch den Sinn Ihrer Arbeit nachvollziehen können, benötigen sie Informationen. Aus unseren Untersuchungen wissen wir, dass über 80% der Mitarbeiter aller hierarchischen Ebenen den Eindruck haben, dass sie zu wenig Informationen von Ihren Vorgesetzten für Ihre Arbeit erhalten würden. Interessant ist, dass über 63% der Führungskräfte selbst der Meinung sind, dass sie ihre Mitarbeiter differenziert und umfassend informieren würden. Diese Zahlen sind insofern von Bedeutung, da die gleichen Führungskräfte in der Hierarchie auch wieder Mitarbeiter sind. Wie können diese Zahlen interpretiert werden? Schaut man genauer hin, dann stellt man fest, das es im Alltag zwischen Mitarbeitern und Führungskräften selten Absprachen über die Art und Weise und die Inhalte des Informationsflusses gibt. Deshalb empfehle ich Ihnen, mit Ihren Mitarbeitern einzeln oder im Team das Thema Informationsfluss zu thematisieren und Absprachen zu treffen. Hier geht es darum abzuklären, welche Informationen Sie grundsätzlich haben und weitergeben können. Es geht auch darum abzuklären, welche Informationen Sie unter Umständen noch nicht Preis geben können, da es noch keine Entscheidung z.B. der Leitungsebenc oder Ihres eigenen Vorgesetzten gibt. Es ist auch wichtig, abzuklären, welche Informationen oder in welchen Situationen sich der Mitarbeiter die Informationen selbst beschaffen muss.

Bei diesem Thema wird deutlich, weshalb Sie als Führungskraft „Dienstleister der Mitarbeiter" sind. Sie sind dafür verantwortlich, dass Sie Rahmenbedingungen schaffen, in denen Ihre Mitarbeiter gut arbeiten können.

Entwicklungsmöglichkeiten / Alternative Tätigkeiten

Genauso wie wir Ziele benötigen, haben viele Menschen das Bedürfnis, sich weiterzuentwickeln. Dieses Bedürfnis kann viele Ursachen haben. Es kann sein, dass ein Mitarbeiter Karriere machen möchte, entweder, weil er mehr Freiräume oder Macht haben will oder aus Image- oder auch aus finanziellen Gründen. Viele Menschen wollen leider nur deshalb und nicht weil sie Mitarbeiter führen wollen, befördert werden. Wenn Mitarbeiter das Bedürfnis nach Weiterentwicklung oder nach Veränderung haben gibt es mehrerer Möglichkeiten damit umzugehen. Ist die berufliche Entwicklung einem Mitarbeiter sehr wichtig und diese Möglichkeit wird ihm aber nicht angeboten, dann wird er sich anderweitig umsehen und kündigen. (Der Mitarbeiterwechsel bei einer qualifizierten Fachkraft, kostet die Firma ca. ein Jahresgehalt. Hier sollte man sich wirklich überlegen, wie oft man sich dies leisten kann). Sind die Entwicklungsmöglichkeiten transparent, wissen Sie als Führungskraft, wo die Stärken und Schwächen Ihrer Mitarbeiter liegen und sprechen Sie mit den Mitarbeitern über deren Entwicklungsmöglichkeiten und wie sie es schaffen, mindestens einen Teil dieser Bedürfnisse in der gegenwärtigen Situation zu befriedigen bzw. Sie Ihren Mitarbeitern Perspektiven aufzeigen können, dann besteht die große Wahrscheinlichkeit, dass Ihnen der Mitarbeiter erhalten bleibt. In großen Betrieben und zunehmend auch in der öffentlichen Verwaltung ist es meist so, dass es sogenannte Personal-Entwicklungsgespräche oder sogenannte Jahresgespräche gibt, bei denen genau darüber mit dem Mitarbeiter gesprochen wird.

In „kleineren" Betrieben gibt es oft keine Alternative nach „oben". In diesen Situationen geht es dann darum, mit den Mitarbeitern nicht über Karriere zu reden, sondern über die Alternativmöglichkeiten die dem Mitarbeiter zur Verfügung stehen. Manchmal gelingt es sogar, nachdem Mitarbeiter die Firma für einige Jahre verlassen haben, sie wieder mit einer höheren Qualifikation zurückzuholen. Dies sind dann besonders „wertvolle" Mitarbeiter, da sie sich dann meist weiter qualifiziert haben, diese Mitarbeiter genau wissen, was sie an „Ihrer" Firma haben und worauf sie sich einlassen und Ihr Risiko eine Fehlentscheidung zu treffen gering ist (siehe: www.muellerschoen-focus.de Dort finden Sie unter *Publikationen* einen Artikel über die Bedeutung gerade dieser Mitarbeiter)

Tipps und Regeln

Tipp 1:   *Reden Sie mindesten einmal jährlich mit Ihren Mitarbeitern über die beruflichen Entwicklungsvorstellungen und zeigen Sie deutlich auf, welche Alternativen der Mitarbeiter im Moment hat. So tragen Sie viel dazu bei, dass leistungsstarke Mitarbeiter in der Firma bleiben und nicht wechseln.*

Tipp 2:   *Prüfen Sie, inwieweit Sie das berufliche Fortkommen Ihrer, vor allem starken Mitarbeiter, positiv unterstützen oder ob Sie es eventuell sogar bremsen.*

Tipp 3:   *Prüfen Sie inwieweit Sie Ihre Vorgesetzten Führsorgepflicht den Mitarbeitern gegenüber gerecht werden*

Einbindung der Mitarbeiter bei Entscheidungen

Sie kennen alle die Aussage: *„Er/Sie hätte mich vorher ruhig fragen können."* Was sagt uns dieser Satz? Dieser Satz zeigt uns, dass wir mit vielen Dingen einverstanden wären, wenn wir vorher wenigsten gefragt worden wären. Hier geht es zum einen um das Thema Wertschätzung und zum anderen darum, dass wir viele Entscheidungen akzeptieren, wenn mit uns darüber vorher gesprochen wird, damit wir eine Chance haben, die Hintergründe zu verstehen und die Entscheidung nachvollziehbar ist. Erst dann können wir den Sinn verstehen, denn ohne Sinn gibt es keine Motivation. Die Motivation können Sie weiter positiv steigern, indem Sie die Mitarbeiter bei Problemlöseprozessen aktiv mit einbinden und das Potenzial der Mitarbeiter so zusätzlich nutzen. Wenn Mitarbeiter an Besprechungen teilnehmen, bei denen Sie den Eindruck haben, dass ihre Meinung ohne Bedeutung ist, führt dies sehr schnell zu Frustration. Die entscheidende Frage im Entscheidungsfindungsprozess ist: Sind Sie persönlich bereit, sich von Ihren Mitarbeitern überzeugen zu lassen? In der Praxis beantworten diese Frage viele Führungskräfte mit *„Ja, wenn ich vernünftige oder schlagkräftige Argumente höre."* Selbst die uneinsichtigste Führungskraft wird so argumentieren. Deshalb sollten Sie Ihr Verhalten in der Praxis ernsthaft prüfen. Prüfen Sie selbst, wie oft Sie in der Vergangenheit bereit waren, Ihre Meinung auf Grund von Mitarbeiterargumenten zu ändern? Ich empfehle Ihnen auch zu prüfen, wie oft Sie womöglich selbst diesen Satz zur Rechtfertigung der eigenen Sturheit verwenden.

Delegation /selbständiges und eigenverantwortliches Arbeiten

Durch Delegation entlasten Sie sich u.a. für Ihre Führungsaufgaben. Mindestens genauso wichtig ist die Delegation für die Mitarbeitermotivation. Durch die Delegation können Sie Ihren Mitarbeitern zeigen, wie viel Vertrauen Sie Ihnen gegenüber haben. Voraussetzung hierfür ist, dass Sie die Aufgaben und

die Ziele klar formulieren. Der eigentliche Vorteil der Delegation liegt darin, dass die Mitarbeiter eigenverantwortlich und selbständig arbeiten können. Damit verschaffen sich die Mitarbeiter selbst Erfolgserlebnisse, wachsen damit an ihren Aufgaben, und können sich mit der Arbeit besser identifizieren, was wiederum Vorraussetzung für persönliches Engagement ist.
(siehe hierzu ausführlicher Kapitel 5 zum Thema Delegation)

Tipps und Regeln

Tipp 1:   *Überprüfen Sie systematisch, welche Aufgaben Sie welchem Mitarbeiter delegieren können. Denken Sie daran, dass Führungsaufgaben nicht delegiert werden können.*

Tipp 2:   *Beschäftigen Sie sich mit Ihren Mitarbeitern. Damit legen Sie eine wichtige Grundlage für die Motivation. Zeigen Sie Interesse an ihnen.*

Tipp 3:   *Achten Sie darauf, was Ihren Mitarbeitern wichtig ist oder was sie stört. Nur so können Sie Ihr eigenes und deren Verhalten so steuern, das Sie die Ziele erreichen und gleichzeitig eine hohe Motivation erreichen.*

Tipp 4:   *Vermeiden Sie es, Mitarbeiter unnötig zu enttäuschen. Dies gelingt Ihnen am besten dadurch, dass Sie Ihre Mitarbeiter wirklich kennen.*

Tipp 5:   *Lassen Sie sich selbst regelmäßig Rückmeldung für Ihr eigenes Führungsverhalten geben.*

Tipp 6:   *Besprechen Sie mit Ihren Mitarbeitern die Ziele und vereinbaren Sie, wie Feedback stattfinden soll.*

Tipp 7:   *Binden Sie die Mitarbeiter in Entscheidungsprozesse mit ein und nehmen Sie deren Argumente und Erfahrungen ernst.*

Tipp 8:   *Denken Sie daran, dass Motivation nur dann funktionieren kann, wenn Sie selbst Vorbild sind, also das vorleben, was Sie erwarten.*

Zusammenfassend kann Motivation entstehen, wenn Sie Mitarbeiter an Entscheidungsprozessen partizipieren lassen (beteiligen), wenn Sie klare Ziele formulieren und auch kontrollieren, Sie Ihre Aufgaben und Ihren Qualitätsanspruch hoch halten und wenn Sie sich darüber hinaus um die Mitarbeiter kümmern.

Durch die Mitarbeiterpartizipation, das „sich kümmern um die Mitarbeiter" (Mitarbeiterorientierung), und die konsequente Zielverfolgung bei der Aufgabenorientierung, erreichen Sie eine hohe Zufriedenheit und Engagement bei Ihren Mitarbeitern. (siehe folgende Graphik)

Grunddimensionen der Motivation

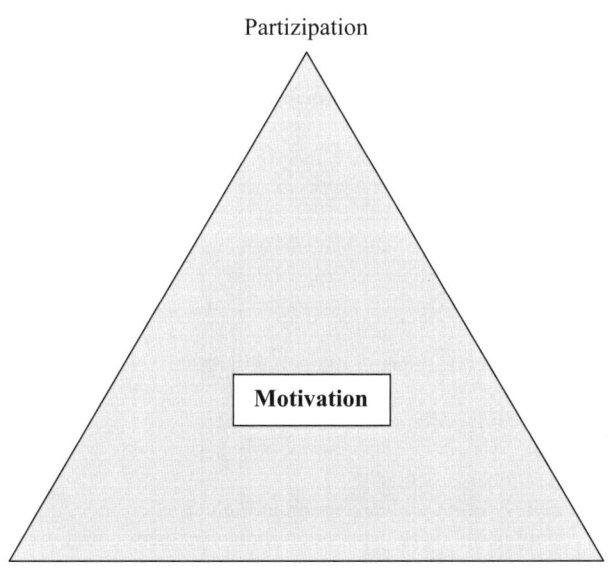

Checkliste: Bin ich ein guter „Motivator"

Damit Sie sich hierzu besser einschätzen können, haben Sie im Folgenden die Möglichkeit, das eigene Verhalten selbst zu reflektieren. Bitte sind Sie sich bei der Beantwortung der Fragen selbst gegenüber kritisch. Ich lege es Ihnen nahe, einem Mitarbeiter, zu dem Sie in gutes vertrauensvolles Verhältnis haben, diesen Bogen ebenfalls zur Einstufung Ihres Führungsverhaltens zu geben und ihn um ein Feedback zu bitten.

- Habe ich meine Mitarbeiter ausreichend eingearbeitet oder intensiv einarbeiten lassen? ja/nein
- Habe ich mich eingehend über die Kenntnisse und Fähigkeiten meiner Mitarbeiter informiert? ja/nein
- Habe ich konkrete Arbeitsziele einvernehmlich mit dem Mitarbeiter festgelegt? ja/nein
- Versuche ich, Mitarbeiter nicht einseitig zu bevorzugen? ja/nein
- Bin ich bereit, notwendige Befugnisse zur Durchführung einer Aufgabe zu delegieren? ja/nein
- Habe ich für Anregungen und Vorschläge ein offenes Ohr? ja/nein
- Bin ich bereit, eigene Fehler einzugestehen? ja/nein
- Setze ich Kritik und Anerkennung gegenüber meinen Mitarbeitern angemessen ein? ja/nein
- Bin ich bereit, mich mit Kritik meiner Mitarbeiter auseinander zusetzen? ja/nein
- Würden dies meine Mitarbeiter auch so sehen? ja/nein
- Bin ich bereit, Mitarbeiter auf mein mögliches eigenes Fehlverhalten anzusprechen? ja/nein
- Bin ich bereit, Erfolge und Engagement meiner Mitarbeiter anzuerkennen, nicht als Selbstverständlichkeit abzutun und ihnen dies auch zu sagen? ja/nein
- Versuche ich, Abmachungen und Versprechungen auch verlässlich einzuhalten? ja/nein
- Bin ich von meiner Tätigkeit überzeugt und kann ich auch Mitarbeiter dafür begeistern? ja/nein
- Bin ich selbst engagiert und somit Vorbild? ja/nein

Haben Sie mehr als 12 Fragen mit „ja" beantwortet, können Sie sich getrost als guten Motivator bezeichnen. Beantworten Sie mehr als vier Fragen mit „nein", so könnte es lohnenswert sein, sich intensiver mit motivationsfördernden Verhaltensweisen auseinander zusetzen.

4.3. Wie schaffen Sie ein Vertrauensverhältnis zu Ihren Mitarbeitern?

Wie die persönliche Vorbildfunktion als Führungskraft, ist das Vertrauen, das Sie selbst Ihren Mitarbeitern gegenüber zeigen ein zentraler Motivationsfaktor. Sicherlich gibt es Mitarbeiter die, unabhängig von Ihrem Führungsverhalten, voller Misstrauen sind. Mit diesen können Sie, wenn überhaupt, nur mittelfristig Stück für Stück mehr Vertrauen entwickeln.

Im täglichen Miteinander kommt es darauf an, dass die Mitarbeiterinnen und Mitarbeiter Ihnen als Führungskraft *„trauen"* können. Dieses „Ich kann ihm trauen" ist vor allem für schwierige Situationen entscheidend, da nur so offen und konstruktiv Probleme angesprochen und gelöst werden können.

Vertrauen entsteht, wenn Sie als Führungskraft „echt" sind. Wenn Sie Gefühle zeigen können und ehrlich sind. Zu Führungskräften die immer „Poker Face" zeigen, kann man kein Vertrauen entwickeln, da man sich nie sicher ist, wie der andere im Moment zu einem steht. Denken Sie daran, dass Sie als Führungskraft auch „Mensch" sind. Sicherlich wird es Situationen geben, in denen Sie eine Rolle spielen, in denen Sie persönlich gegen Ihre persönliche Überzeugung Anordnungen ausführen müssen und zusätzlich noch Ihre Mitarbeiter dazu motivieren sollen. Ich glaube aber nicht, dass Sie damit auf Dauer erfolgreich sein können. Nur wenn Sie es schaffen, ehrlich, gradlinig und integer zu sein, werden Sie für die Mitarbeiter berechenbar. Das heißt, die Mitarbeiter wissen womit sie rechnen müssen und dies gibt Sicherheit und schafft Vertrauen.

Eine weitere Grundlage des Vertrauens ist das „sich verstehen" können. Denn erst dann, wenn Sie das Gefühl haben, dass der andere Ihre Gedanken oder Ihr Verhalten nachvollziehen kann, sind Sie bereit, sich persönlich weiter zu öffnen. Dieses „sich persönliche öffnen", ist ein Zeichen des Vertrauens und dann in Folge wieder ein Beitrag zum gegenseitigen Verständnis.
Mitarbeiter reagieren sehr sensibel darauf, wie die eigene Chefin oder der eigene Chef mit eigenen Fehlern und mit denen anderer umgeht. Zeigen Sie vor allem auch Stärke und stehen Sie zu Ihren eigenen Fehlern. Mitarbeiter achten stark darauf, ob Sie ihnen auch in schwierigen Situationen den Rücken stärken. Deshalb sind Fehler, die die Mitarbeiter machen, nach außen immer *Ihre* Fehler als Chef. Intern sollten natürlich Fehler geklärt werden. „Leider" werden oft Misserfolge den Mitarbeitern und die Erfolge sich selbst zugeschrieben.

Was zunehmend ins Licht des öffentlichen Interesses stößt, ist, das Sie moralisch „anständig" sind. Dies hört sich sehr konservativ an, ist aber ein wichtiger Baustein für die gegenseitige Beziehung. Sie können nicht mit Wissen der Mitarbeiter, anderen Kollegen oder bei Kunden immer nur die eigenen Vorteile herausschlagen, andere z.T. auch belügen, taktisch unfair vorgehen, selbst alle Möglichkeiten des persönlichen Vorteils ausnutzen usw. und dann vom Mitarbeiter erwarten, dass er Sie noch als vertrauensvolle und integre Person schätzt und nicht selbst auch die Firma immer wieder unangemessen für die eigenen Interessen ausnutzt.

Sind Sie sich aber auch bewusst, dass sich das vertrauensvollste Verhältnis zum Mitarbeiter oder Kollegen schnell verändern kann. Auch deshalb ist es sinnvoll sich immer vorbildlich zu verhalten, damit Sie nicht erpressbar sind. Ich finde es mehr als bedauerlich, wenn wie im Moment durch die Presse öfters bekannt wird, dass Top-Manager von großen Konzernen wegen der Weitergabe von Insiderwissen, wegen utopischen Abfindungen oder wegen unberechtigter Inanspruchnahme von Luxusreisen angeklagt werden. Bedauerlich ist nicht nur deren eigener Imageschaden, sondern vor allem die Auswirkungen auf die Firma, ganz besonders deren Mitarbeiter. Mitarbeiter werden sich bei solchen „Vorbildern" schwer tun, weiterhin loyal und ehrlich dem eigenen Arbeitgeber gegenüber zu sein.
Es ist nicht nur bedauerlich sondern auch ärgerlich. Es ist ebenso bedenklich, wenn dann auch bekannt wird, dass solche Manager auf der finanziellen Ebenen erfolgreich sind und für die Firmen hohe Gewinne einfahren. Leicht kommt man da in Versuchung. Die Frage ist für wie lange geht dieses Gebaren gut und mit welchen Kosten für das Firmenimage und die Mitarbeitermotivation dies verbunden ist.
Bleiben Sie trotz solcher Verfehlungen manch anderer, ein angesehener, rechtschaffener Bürger und eine professionelle Führungskraft. Ich habe schon viele Karrieren genau an diesen Punkten scheitern gesehen.

Wer die Menschen behandelt
wie sie sind, macht sie schlechter.
Wer die Menschen aber behandelt,
wie sie sein könnten, macht sie besser.

Johann Wolfgang von Goethe

5. Wie delegiere ich richtig?

5.1. Weshalb ist Delegation so wichtig und welchen Nutzen haben Sie davon?
5.2. Was ist bei der Delegation zu beachten?
5.3. Welche Regeln sind beim Delegieren zu beachten?
5.4. Wie Sie Ihre Mitarbeiter durch die Delegation von Verantwortung
motivieren?
5.5. Ist Delegation und Kontrolle ein Widerspruch?
5.6. Checkliste: Delegationsverhalten

Zwei Beispiele und die Folgen aus der Praxis

Der „Nichtdelegierer"

Er macht grundsätzlich alles persönlich. *„Bis ich einem Mitarbeiter das alles erklärt habe und ewig warten muss, bis er schließlich fertig ist, mache ich das doch lieber selbst. Außerdem weiß ich dann was ich habe."*

Mit dieser Begründung reißt der Vorgesetzte die Arbeit seiner Mitarbeiter an sich, für die sie eigentlich verantwortlich sind und für die sie jedenfalls bezahlt werden. Sie fühlen sich zunehmend verunsichert, weil ihre Leistungsfähigkeit und ihr Leistungswille offenbar in Zweifel gezogen wird. Schließlich beginnen sie selbst, an ihrer Leistungsfähigkeit zu zweifeln. Es tritt etwas ein, was man auch eine „Self Fulfilling Prophecy", eine sich selbst erfüllende Prophezeiung nennt. Weil man den Mitarbeitern die Arbeit nicht zutraut, nehmen ihre Fähigkeiten tatsächlich ab. Die Motivation und Leistungsbereitschaft sinken weiter weil die Verunsicherung immer weiter wächst. Als Folge nimmt die Bereitschaft durch den Vorgesetzten zu delegieren, weiter ab. Der Teufelskreis schließt sich.

Der „Allesdelegierer"

Ausgehend von einem Fallbeispiel der soeben besprochenen Art, hat folgende Führungskraft beschlossen, solche Fehler nicht zu begehen. Sie fällt ins andere Extrem. Alles, was auf dem Schreibtisch ankommt, wird mit einem kurzen Vermerk versehen: Herrn/Frau X/Y zur Erledigung bis ...". Die Kontrolle dieser Termine wird an die Sekretärin delegiert. Dinge, die nicht an Mitarbeiter delegiert werden können, werden zur Seite, also an Kollegen, geschoben. Schnell lernt unser Freund noch die hohe Kunst der Rückdelegation, also des Schiebens nicht oder nicht voll erledigter Arbeiten an ihren Ausgangspunkt, meist also den eigenen Vorgesetzten. Wird das geschickt gemacht, fällt der Führungskraft das zunächst nicht nur nicht auf, sondern sie freut sich womöglich noch darüber, vom Mitarbeiter um Rat und Unterstützung gebeten zu werden. Durch diese Technik gewinnt unser Allesdelegierer sehr viel freie Zeit.

Tipps und Regeln

Tipp 1:   *Um Delegation handelt es sich, wenn Sie als Führungskraft Ihren Mitarbeitern Verantwortung und Kompetenzen anvertrauen, damit sie selbständig bestimmte Aufgaben durchführen können.*

5.1. Weshalb ist Delegation so wichtig und welchen Nutzen haben Sie davon?

Wenn Sie überlegt und zielgerichtet delegieren, haben Sie folgende Vorteile:
* **Zeitgewinn**
  weil Sie sich als Führungskraft entlasten und für Ihre eigentlichen Aufgaben Zeit finden: Führungsaufgaben sind:
  o Ziele definieren
  o entscheiden
  o kontrollieren
  o fördern
  o führen.

- **Mitarbeitermotivation**
  Delegation wirkt sich oft positiv auf die Leistungsmotivation und Arbeitszufriedenheit der Mitarbeiter aus. Außerdem fördert dies bei Mitarbeitern selbständiges Denken und Handeln.
- **Mitarbeiterkapazität**
  Delegation hilft, die Fachkenntnisse und Erfahrungen der betreffenden Mitarbeiter besser zu nutzen.
- **Mitarbeiterentwicklung**
  Delegation hilft, die Fähigkeiten, Initiative, Selbständigkeit und Kompetenz der Mitarbeiter zu fördern und zu entwickeln.

Sind Sie persönlich bereit zu delegieren?

Aus eigener Erfahrung kennen Sie vermutlich Führungskräfte, die kaum, bzw. nicht bereit sind auch verantwortungsvolle Aufgaben zu delegieren und die Mitarbeiter selbständig arbeiten zu lassen. Hinter diesem Verhalten steckt meist eine sehr kritische Einstellung dem Mitarbeiter gegenüber und ein überzogener Glaube an die eigene Kompetenz. Deshalb sollten Sie sich immer wieder fragen, was Sie Ihren Mitarbeitern zutrauen und ob Sie bereit sind, auch interessante und verantwortungsvolle Aufgaben aus der Hand zu geben.

Bin ich bereit zum Delegieren?
(siehe auch Kapitel 4. Welche Möglichkeiten gibt es zur Motivationssteigerung?)

Traue ich meinen Mitarbeitern und Mitarbeitrinnen die Kompetenz und die Motivation zu, bestimmte Aufgaben zufriedenstellend durchführen zu können?
Immer wieder ist die Bereitschaft zur Delegation dadurch eingeschränkt, dass die Mitarbeiter entweder kaum motiviert oder nicht qualifiziert genug sind, bestimmte Aufgaben übernehmen zu können. Damit Sie für sich selbst diese Frage beantworten können, bitte ich Sie, jeden einzelnen Ihrer Mitarbeiter in ein Diagramm nach dem folgenden Muster auf der nächsten Seite einzutragen. Nehmen Sie sich hierzu Zeit. So erhalten Sie eine Übersicht und Klarheit über das Potenzial Ihres Teams und wo Sie ansetzen müssen, um Mitarbeiter weiter zu entwickeln und zu motivieren, um sie leistungsfähiger zu machen. Sie können dadurch gut erkennen, welche Ihrer Mitarbeiter die notwendige Qualifikation haben und ob sie ausreichend motiviert sind, Aufgaben eigenverantwortlich durchzuführen.

Ordnen Sie hierzu jeweils jeden einzelnen Mitarbeiter nach den Kriterien: fachliche Kompetenz bzw. Motivation zu. Sie beantworten sich dadurch die Frage, ob Sie etwas für die Motivation oder für die Qualifizierung des einzelnen Mitarbeiters tun müssen.

Wenn Sie diese schwierige Aufgabe durchgeführt haben, sollten Sie sich selbst kritisch prüfen, wie Ihr persönliches Vertrauen in die Mitarbeiter ist und was Sie ihnen zutrauen. Ihre Mitarbeiter werden nur dann leistungsbereit sein, wenn Sie ihnen Leistung zutrauen.

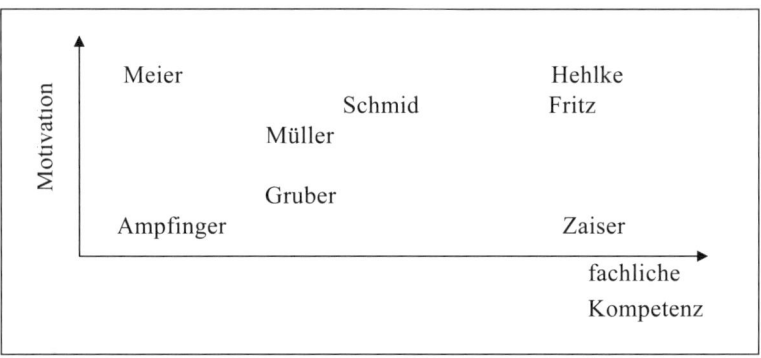

In diesem Diagramm zeigt sich, dass konkrete, auch schwierige Aufgaben an Hehlke, Schmidt und Fritz sehr gut delegiert werden können. Bei Ampfinger stellt sich die Frage, ob er am richtigen Arbeitsplatz eingesetzt und weshalb er genauso wie Zaiser, so schlecht motiviert ist? Was können Sie tun, damit diesen zwei Mitarbeitern die Arbeit wieder Spaß macht? (siehe hierzu Kapitel 4: Wie motiviere ich meine Mitarbeiter?)
Was müsste mit Meier geschehen, damit er wieder Leistung bringt?
Mitarbeiter Meier ist zwar hoch motiviert, ist aber fachlich überfordert. Entweder er muss besser qualifiziert oder an einen anderen Arbeitsplatz versetzt werden. Denn wenn es nicht gelingt, seine fachliche Qualifikation den Anforderungen anzupassen, wird über kurz oder lang auch seine Motivation sinken.

Tipps und Regeln

Bitte beantworten Sie sich folgende Fragen, und gehen Sie hierbei sehr kritisch mit sich um.

Tipp 1: *Welche Befürchtungen hätte ich, wenn meine Mitarbeiter die Aufgaben besser als ich erledigen würden? Welches Konkurrenzverhältnis habe ich zu meinen Mitarbeiter/innen?*

Tipp 2: *Was tue ich in der Praxis ganz konkret, um meine Mitarbeiter wirklich zu qualifizieren?*

5.2. Was ist bei der Delegation zu beachten?

Damit das Delegieren in der Praxis funktioniert, sollten Sie einige Punkte berücksichtigen. Ich empfehle Ihnen, folgende Punkte systematisch durchzuarbeiten. Dieser Aufwand lohnt sich.

Vorbereitung der Delegation:

1. Sofern es Ihnen noch nicht vorliegt: Listen Sie auf einem extra Blatt, sämtliche Aufgaben auf, die Sie derzeit wahrnehmen.
2. Ordnen Sie diese Aufgaben der Reihenfolge ihrer Wichtigkeit nach und kennzeichnen Sie diese nach ihrer regelmäßigen oder unregelmäßigen Wiederkehr.
3. Wählen Sie alle echten Führungsaufgaben aus, die nur Sie selbst wahrnehmen können.
4. Ordnen Sie die verbleibenden Aufgaben jeweils einem oder mehreren Mitarbeitern zu, die eine oder mehrere dieser Aufgaben prinzipiell übernehmen könnten.
5. Prüfen Sie nun:
   a) Könnte der Mitarbeiter diese Aufgabe – zeitlich betrachtet – zusätzlich wahrnehmen, oder welche entlastenden Maßnahmen wären notwendig?
   b) Könnte der Mitarbeiter die Aufgabe ohne Vorbereitung übernehmen?
   c) Wenn nein, welche Vorbereitung wäre dafür notwendig?
6. Prüfen Sie auch, inwiefern die Delegation einer vorherigen Kontaktaufnahme oder Beratung mit anderen Abteilungen / Dienststellen im Hause (z.B. Organisations-, Personalabteilung etc.) notwendig macht.
7. Bestimmen Sie den Zeitpunkt und Form der Bekanntgabe der Delegation (mündlich/oder schriftlich, Einzel-/Gruppengespräch)

Durchführung der Delegation:

8. Erläutern Sie den Mitarbeiter als erstes, warum Sie ihn oder ihr diese Aufgaben übertragen wollen. Versuchen Sie den Mitarbeiter durch das Verdeutlichen der Wichtigkeit der Aufgabe durch eine persönliche Aufwertung, z.B. durch das Hervorheben seiner Stärken usw. zu motivieren. Nur so gewinnen Sie ihn.
9. Erfragen Sie seine Meinung dazu. Hat er Einwände, die Sie nicht bedacht haben und geklärt werden müssen?
10. Haben Sie ihn für die Aufgabe gewonnen, dann klären Sie:
    a) Was ist das Ziel dieser Tätigkeit? Was soll damit erreicht werden?
    b) Welche Einzeltätigkeiten sind in welcher Weise dazu zu verrichten?
    c) Wann hat es zu geschehen?
    d) Mit wem und zu welchem Zweck ist Kontakt aufzunehmen?
    e) Wann ist Ihnen in welcher Weise darüber zu berichten?
11. Statten Sie Ihren Mitarbeiter mit den notwendigen Kompetenzen aus.
12. Klären Sie, welche Verantwortung sie/er damit übernimmt.
13. Regeln Sie präzise die Ausnahmefälle, in denen sie/er zuerst Rücksprache nehmen soll bzw. Sie sich die Entscheidung oder Durchführung vorbehalten.
14. Besprechen Sie mit dem Mitarbeiter die Regeln, nach denen die vereinbarungsgemäße Durchführung dieser Aufgaben kontrolliert wird.

5.3. Welche Regeln sind beim Delegieren zu beachten?

Wenn Sie mit Ihren Mitarbeitern ein Delegationsgespräch führen, sollten Sie folgende Punkte ansprechen und klären:

> - **Was** soll getan werden? (Inhalt)
> - **Wer** soll es tun? (Person)
> - **Warum** soll es getan werden? (Motivation, Sinn, Ziel)
> - **Wie** soll es getan werden? (Umfang, Details, Feedback)
> - Bis **wann** soll es getan werden? (Termine)
> - **Wie** soll kontrolliert werden? (Art, Zeit)

Grundsätze der Delegation

Im Modell der kooperativen Führung erhält die Delegation erhebliches Gewicht. Im Folgenden werden die wesentlichen Grundsätze zusammenfassend dargestellt:

- Führungskräfte sollen nicht selbst erledigen, was Mitarbeiter sachgerecht und in eigener Verantwortung zu bearbeiten in der Lage sind.
- Jeder Mitarbeiter soll im Rahmen seines Aufgabenbereichs weitgehend selbständig denken und handeln und dafür die Verantwortung übernehmen.
- Die Führungskraft ermutigt ihre Mitarbeiter zu selbständigen Entscheidungen.
  Vertretbare Entscheidungen der Mitarbeiter lassen Sie gelten, sofern die Zielrichtung gewahrt bleibt.
- Sie als Führungskraft bestimmen im Rahmen Ihres Führungsbereichs, welche Aufgaben Sie an Mitarbeiter zur Erledigung und selbständigen Entscheidung übertragen.
  Bei der Übertragung von Aufgaben und Verantwortung werden die Kenntnisse, Fähigkeiten und Erfahrungen des Mitarbeiters berücksichtigt.
- In schwierigen Situationen sind die Mitarbeiter berechtigt und auch verpflichtet, sich mit Ihnen zu beraten. Beraten heißt nicht, anstelle des Mitarbeiters zu entscheiden, bzw. die Aufgabe zu delegieren.
- Mitarbeiter unterstützen ihre Führungskraft durch Zuarbeiten und ggf. durch Beratung bei der Entscheidungsfindung.
- Die Führungskraft überträgt die Verantwortung für die Sacherledigung. Sie selbst tragen als Führungskraft die Verantwortung für die Delegation, d.h. letzthin für die Wahl des Beauftragten.
- Sie als Führungskraft informieren Ihre Mitarbeiter rechtzeitig und vollständig über alle Sachverhalte und Tatbestände, die diese zur Erfüllung ihrer Aufgaben wissen müssen.
  Insbesondere werden die Mitarbeiter über alle Entscheidungen informiert, die ihren speziellen Arbeitsbereich oder sie persönlich betreffen.
- Die Mitarbeiter sollen innerhalb ihres Aufgabenbereichs eigene Gedanken entwickeln, um die vereinbarten vorgegebenen Ziele zu erreichen. Dabei handeln sie hinsichtlich der erforderlichen Maßnahmen und notwendigen Mittel entsprechend der besprochenen Ressourcen und Eckpunkte.
- Jeder einzelne Delegationsauftrag muss im einzelnen geplant sein. Sie als Führungskraft denken die nötigen Schritte voraus.
  Hierzu empfehle ich Ihnen, folgende Fragen zu beantworten:
  - Was will ich? Was ist das Ziel des Auftrags?
  - Wie formuliere ich den Auftrag richtig?

- Welche Informationen muss ich geben?
- Welche Gründe sind anzuführen?
- Welchen Nutzen muss ich vermitteln?
- Welche Befugnisse muss ich übertragen?
- Welche Zeit wird eingeräumt?
- Welche kritischen Punkte sind mitzuteilen?
- Welche Mittel sind bereitzustellen?

5.4. Wie Sie Ihre Mitarbeiter durch die Delegation von Verantwortung motivieren

Die Leistungsbereitschaft eines Mitarbeiters steigt erheblich, wenn er selbständig arbeiten kann. Er übernimmt die hiermit verbundene Verantwortung, wenn ihm auch die erforderliche Kompetenz, in einem bestimmten Rahmen selbst Entscheidungen treffen zu können, übertragen wird.

Nur die Aufgabe zu delegieren bedeutet, dass der Mitarbeiter lediglich die Aufgabe ausführt, dabei aber keine Möglichkeit hat, über die Art und Weise der Durchführung selbst mitreden zu können. Bei einem negativen Ergebnis tragen Sie als Führungskraft formal die Verantwortung. Wurde die Arbeit erfolgreich erledigt, hat es für den Mitarbeiter ebenfalls keine positiven Konsequenzen. Wenn nur die Aufgaben delegiert werden, handelt es sich meist um Teilaufgaben einer großen Sache. Z.B. der Mitarbeiter erhält einen Kopierauftrag oder der/die Mitarbeiter/in bereitet ein Firmenfest vor, muss sich aber vor allen Entscheidungen immer absichern und hat keinen eigenen Handlungsspielraum. Etwas salopp formuliert wäre er dann „Handlanger" der Führungskraft.

Kompetenzen zu übertragen bedeutet, dass der Mitarbeiter einen klaren Handlungsspielraum hat, innerhalb dessen er selbständig nach eigenem Abwägen entscheiden kann. Z.B. ein Kreditsachbearbeiter bei einer Bank darf Kredite bis € 35.000 selbständig vergeben. Oder ein anderer Mitarbeiter erhält ein bestimmtes Budget um eine Betriebsfeier vorzubereiten. Der Mitarbeiter hat hier

Freiräume, die er nach eigenem Ermessen, innerhalb der vorher bestimmten Richtlinien, ausfüllen kann. Oder ein/e Mitarbeiter/in ist für die Lohn- und Gehaltsabrechnung zuständig und bearbeitet alle Aufgaben entsprechend den Vorgaben selbständig.
Nur wenn die Mitarbeiter eigene Ermessungsspielräume haben, sind sie auch bereit, Verantwortung zu übernehmen. Ein Mitarbeiter, der nur Handlungsgehilfe für jemand anderen ist, wird Verantwortung immer ablehnen. Und ohne Verantwortung wird selten Engagement entstehen.
Zusammenfassend heißt dies, dass Sie erfolgreich delegieren, wenn der Mitarbeiter Aufgaben übertragen bekommt, die er auch kompetent bearbeiten kann, Spielräume für eigene Entscheidungen erhält und sowohl positives als auch negatives Feedback erhält, er also dafür verantwortlich ist. Bei der Delegation sollte der Mitarbeiter möglichst in sich abgeschlossene Arbeitsgebiete übertragen bekommen.

Allerdings können Sie Ihre Mitarbeiter nicht dadurch motivieren, dass Sie Entscheidungen, die eigentlich in der Verantwortung des Chefs sind, an diese weiterdelegieren. Schnell vermuten die Mitarbeiter dahinter Führungsschwäche. Die Mitarbeiter spüren bald die Unwilligkeit oder Unfähigkeit der Führungskraft, Entscheidungen zu treffen, diese durchzusetzen und Verantwortung zu übernehmen.
Für Sie als Führungskraft setzt dies voraus, dass Sie „loslassen" müssen, sich über Ihre Ziele immer wieder Klarheit verschaffen und eine positive Leistungseinstellung Ihren Mitarbeiterinnen und Mitarbeiter gegenüber haben sollten.
Darüber hinaus sollten Sie sich folgende Regel immer wieder vergegenwärtigen: *Wer andere nicht fördert, wird nicht befördert.* Delegation und damit einhergehend auch Förderung im Rahmen der Personalentwicklung, sind in sehr vielen Betrieben ein deutlicher Gradmesser für die Qualifikation einer Führungskraft.

5.5. Ist „Delegation und Kontrolle" ein Widerspruch?

Die meisten von uns haben mit „Kontrolle" negative Erfahrungen gemacht. „Kontrolliert" wurde in der Schule, im Kindergarten, zu Hause, bei der Ausbildung und so weiter. Das charakteristische der Kontrolle ist fast immer, dass damit Fehler gesucht werden sollen und dies löst immer negative emotionale Reaktionen aus. Wenn Kontrolle mit einer Einstellung wie: „sich Rückmeldung geben" oder mit „sich auf dem laufenden halten" oder mit „Hilfe zum Lernen" durchgeführt wird, bekommt dieser Begriff eine andere Bedeutung. Diese veränderte Bedeutung beeinflusst sofort die Art und Weise, wie die

Kontrolle ausgeführt wird. Der Ton ändert sich, die Art und Weise der Formulierungen ändern sich und damit ändert sich auch die Reaktion des Mitarbeiters.

Deshalb empfehle ich Ihnen immer wieder zu prüfen, mit welcher Einstellung oder Zielsetzung Sie kontrollieren!

Konstruktive Kontrolle ist auch ein Zeichen der Wertschätzung. Durch die Kontrolle zeigen Sie Interesse an der Arbeit und deren Ergebnis, und drücken so auch Wertschätzung dem Mitarbeiter gegenüber aus.

Machen Sie sich immer wieder bewusst, das Ziel der Kontrolle ist es auch, den Mitarbeiter dabei zu „ertappen", das Richtige gemacht zu haben.

Delegation ohne Kontrolle wäre auch aus anderen Gründen unangemessen. Können Sie sich vorstellen, dass Ihre Mitarbeiter immer die gleichen Vorstellungen von dem haben, was Sie sich vorstellen? Glauben Sie, dass es immer gewährleistet ist, dass Kommunikation perfekt funktioniert? Oder wie oft haben Sie es schon erlebt, dass Sie der Meinung waren, alles ist klar, und in der Praxis hat es sich herausgestellt, dass es riesige Missverständnisse gab?

Mangelnde Kontrolle signalisiert folgendes und hätte verschiedene Auswirkungen:

- Es signalisiert Desinteresse und wirkt sich negativ auf die Mitarbeitermotivation aus
- Der Mitarbeiter hätte kaum eine Chance, das eigene Verhalten zu verbessern und dadurch die Zielerreichung zu optimieren
- Sie als Führungskraft können ohne Kontrolle die Aufgaben in Ihrem Gebiet schlecht steuern
- Der Mitarbeiter erhält weder positives noch negatives Feedback
- Sie selbst könnten Ihrem eigenen Vorgesetzten schlecht berichten

5.6. Checkliste: Delegationsverhalten

Die beiden zitierten Beispiele am Kapitelanfang sind Extremfälle, Schwarz/Weiß-Zeichnungen, die in der Praxis kaum vorkommen. Wenn diese Beispiele auf Sie nicht zutreffen, dann bedeutet dies nicht automatisch, dass Sie die Technik der wirksamen Delegation voll beherrschen, so, dass die Motivation und die Leistungsbereitschaft Ihrer Mitarbeiter optimiert werden. Mit der folgenden Checkliste können Sie Ihrem eigenen Führungsverhalten ein weiteres Stück auf den Grund gehen.

Checkliste: Delegationsverhalten

	ja	nein
• Sie haben Ihren eigenen Verantwortungsbereich in einer Anzahl in sich geschlossener Unterbereiche aufgeteilt	□	□
• Jedes dieser Unterbereiche ist ein in sich geschlossenes Aufgabengebiet mit selbständigen Kompetenzen, die sich nicht überschneiden	□	□
• Sie haben jedem Mitarbeiter mindestens eines dieser Aufgabengebiete zugedacht	□	□
• Die Aufgabengebiete sind mit den Mitarbeitern ausführlich besprochen, und zwar so, dass sie nicht nur verstanden, sondern auch akzeptiert werden	□	□
• Als Ergebnis dieses Kommunikationsprozesses besteht eine schriftliche Unterlage, die zusätzlich auch als Aufgabenbeschreibung und als Kompetenzenkatalog dient	□	□
• Außerdem sind in dieser Unterlage einvernehmliche Kontrollpunkte festgelegt. Nur nach diesen erkundigen wir uns. nach dem Fortschritt. Nicht mehrmals pro Woche zufallsgesteuert auf dem Flur mit den Worten: „Na, wie geht es denn mit dem XY-Projekt?"	□	□
• Nicht nur die delegierte Verantwortung, sondern auch die hiermit verbundene Kompetenz ist schriftlich festgelegt. Es ist nicht gut, wenn Ihr Mitarbeiter zwar für ein bestimmtes Projekt verantwortlich ist, andererseits sich aber jede Kleinigkeit genehmigen lassen muss, die er dazu benötigt.	□	□
• Während einerseits der Fortschritt der Arbeit nur an den erwähnten Kontrollpunkten geprüft wird, sollen Sie Ihren Mitarbeitern zusätzlich und so kurzfristig wie möglich Gelegenheit zur Rücksprache geben, wenn sie Unterstützung gebrauchen.	□	□
• Neben allen Routinearbeiten delegieren Sie auch einmalige Sonderaufgaben, nach den gleichen Regeln an einen Mitarbeiter oder ein Team.	□	□

Je mehr „Ja" Sie in der Checkliste angekreuzt haben, desto höher ist Ihre Delegationskompetenz. Klären Sie u.a. mit Kollegen, wie Sie die „Nein-Antworten" verbessern können.

Tipps und Regeln

Anregungen zur Steigerung Ihres Delegationsverhaltens.

Tipp 1:   *Hindernisse, die bei Ihnen als Führungskraft liegen können:*
- Habe ich (überhaupt) den geeigneten Mitarbeiter?
- Bevorzuge ich häufig, etwas selbst zu tun?
- Will ich alles perfekt erledigt sehen?
- Will ich alle *Details* selbst beurteilen können?
- Habe ich, vor allem in der Anfangsphase, genügend Geduld?
- Habe ich zur Leistungsfähigkeit anderer wenig Vertrauen?
- Will ich die Zeit aufwenden, die Aufgabe ausführlich zu erläutern, den Mitarbeiter auch einzuweisen, anzuleiten und zu kontrollieren?
- Gestehe ich Mitarbeitern zu, anfangs auch Fehler zu machen?
- Bin ich bereit, mit dem Auftrag und der Verantwortung auch die notwendige Befugnis und Kompetenzen zu delegieren?
- Sorge ich für die notwendige Qualifikation meiner Mitarbeiter?

Tipp 2:   *Hindernisse, die beim Mitarbeiter liegen:*
- Hat der Mitarbeiter die notwendigen Kenntnisse?
- Hat der Mitarbeiter die nötigen Erfahrungen?
- Mangelt es beim Mitarbeiter am Entscheidungswillen?
- Kann der Mitarbeiter diese Aufgabe noch übernehmen?
- Informiere ich den Mitarbeiter über gewisse Schwierigkeiten?
- Ist der Mitarbeiter auf seine Aufgabe genügend vorbereitet?
- Hat der Mitarbeiter einen realistischen Zeitrahmen, die Aufgaben zu erledigen?

6. Wie führen Sie erfolgreiche Mitarbeitergespräche?

6.1. Welche Bedeutung hat Feedback für jeden von uns?

Wir als Menschen sind soziale Wesen, die immer in Interaktion mit dem sozialen Umfeld stehen und uns auch immer mit diesem Umfeld vergleichen. Wir haben ein hohes Bedürfnis nach Rückmeldung, da uns dies den Vergleich erleichtert und ein wichtiger Beitrag zur Stärkung unseres Selbstwertgefühles gibt.
Wie schnell wir ohne Feedback verunsichert werden können, kann jeder an seinen ersten Erfahrungen mit dem Anrufbeantworter erkennen. Beim Hinterlassen einer Nachricht gibt es keinerlei Rückmeldung, die uns eine Orientierung für unser Verhalten bietet. Größere oder kleinere Unsicherheiten, in der Formulierung oder der Klarheit im Ausdruck, sind schnell die Folge. Demgegenüber erkennen wir bei einem persönlichen Gespräch die Reaktion unseres Gesprächspartners, auf die wir uns dann einstellen können.

Rückmeldung gibt uns Orientierung und ist eine wichtige Basis des Lernens.

Mitarbeiter erwarten Antworten auf Fragen wie:
Was hält man von mir? Wie werde ich beurteilt? Bin ich mit meiner Leistung und meinem Verhalten auf dem richtigen Weg?
Nur dann, wenn Mitarbeiter regelmäßig Rückmeldung erhalten, sind sie in der Lage, ihr eigenes Verhalten der Situation anzupassen um somit die Ziele zu erreichen und aus Fehlern zu lernen. Stellen Sie sich vor, Sie würden nie gesagt bekommen, dass Sie andere immer wieder unterbrechen. Sie hätten keine Chance, dieses Verhalten zu verändern, da Sie dies aus Gewohnheit seit Jahren immer so machen, und es Ihnen nicht bewusst ist. Darüber hinaus ist Feedback eine gute Möglichkeit, Mitarbeiter zu motivieren.

Tipps und Regeln

Tipp 1: *Rückmeldung soll unmittelbar und so regelmäßig wie möglich gegeben werden.*

Tipp 2: *Unmittelbares und häufiges Feedback ist notwendig, um die oft verwirrende Vielfalt zu klären.*

Tipp 3: *Sie als Führungskraft fokussieren durch das Feedback die Vorstellungen der Mitarbeiter immer wieder auf die wichtigsten Ziele.*

Tipp 4: *Durch ein regelmäßiges Feedback zeigen und beweisen Sie, dass Ihnen die Ziele und Werte, die Sie tagtäglich „predigen", auch wirklich etwas bedeuten.*

Tipp 5: *Prüfen Sie Ihre persönliche Absicht beim Feedback. Wollen Sie wirklich eine Anregung geben, die dem Mitarbeiter helfen soll, oder ist Ihre Absicht, den Mitarbeiter zu kritisieren.*

Tipp 6: *Feedback setzt Wertschätzung und der Glaube an die Entwicklungs- und Lernbereitschaft des Mitarbeiters voraus.*

Tipp 7: *Rückmeldung die bereits einen Verbesserungsvorschlag enthält, kann leichter angenommen werden.*

Tipp 8: *Feedback soll konkret sein (sowohl positives als auch kritisches). Positives Feedback findet im Alltag zu wenig statt und ist meist abstrakt.*

Beispiel A:
Statt: Bitte achten Sie darauf, dass in Zukunft weniger Fehler in den Briefen sind.
Besser: Ich bitte Sie, die Unterlagen in Zukunft von Frau Hehlke gegenlesen zu lassen, damit ...

Beispiel B:
Variante 1:
Die Aussage der Führungskraft ist: „Mitarbeiter Sie wissen ja, dass ich mit Ihrer Arbeit insgesamt sehr zufrieden bin".
Dieses abstrakte Feedback hinterlässt beim Mitarbeiter keine Wirkung und ist deshalb sinnlos. Der Mitarbeiter wird bei einem positiven Feedback seltenst versuchen, dieses zu konkretisieren.

Variante 2:
Die Aussage der Führungskraft ist: „Mitarbeiter, Ihr Verhalten in Besprechungen kann ich so nicht weiter dulden".
Diese Aussage ist ebenfalls, wie bei der Variante 1, sehr allgemein formuliert. In der Praxis gibt es jedoch bei der Kritik oder einem negativen Feedback im weiteren Verlauf eine interessante Wendung. Der Mitarbeiter lässt dieses allgemeine Feedback/Kritik nicht so einfach stehen.
Vermutlich geht das Gespräch folgendermaßen weiter:
Mitarbeiter (MA): „Was meinen Sie damit?"
Führungskraft (FK): „Immer, wenn der Kollege Maier redet, unterbrechen Sie ihn und machen abwertende Bewegungen."
MA: Wann soll das denn gewesen sein?
FK: Heute z.B. in der Besprechung sagte Maier zu Schneider ... und dann haben Sie ihn zweimal unterbrochen, weil Sie der Meinung waren, die Vorschläge wären unbrauchbar.
MA: Also, an eine Unterbrechung kann ich mich nicht erinnern. Wann soll ich es denn das zweite Mal gemacht haben?
FK: ....

Dieses Gespräch zeigt, dass die Mitarbeiter bei der Kritik ganz selbstverständlich solange nachhaken, bis sie die Situation vor ihrem inneren Auge nochmals nachvollziehen können.
Dieser Konkretisierungsprozess ist notwendig, damit Feedback Wirkung zeigt, was aber in der Praxis meist nur bei der Kritik stattfindet. Das positive Feedback, in Form von Lob und Anerkennung, bleibt meist abstrakt, und damit ohne Wirkung stehen.

Beispiel 1.:
Wirksames und positives Feedback könnte z.B. wie folgt lauten:
„Mitarbeiter, Sie wissen ja, dass ich mit Ihrer Arbeit insgesamt sehr zufrieden bin. Ganz besonders möchte ich hier die Präsentation betonen, bei der Sie sehr gute und anschauliche Beispiele verwendet haben.

Beispiel 2.:
Wirksames und kritisches Feedback könnte z.B. folgendes sein:
„Mitarbeiter, ich finde Ihre sämtlichen Beiträge in unseren Besprechungen sehr gut. Sie könnten jedoch Ihre Akzeptanz und Ihre Überzeugungskraft deutlich steigern, wenn Sie die Kollegen aussprechen lassen würden und z.B. durch Blickkontakt oder sogar durch Fragen, mehr Interesse und Wertschätzung an der Meinung anderer zeigen würden".

6.2. Zusammenhang zwischen Feedback, Konsequenzen und Leistung

Leistung entsteht, wenn alle Elemente unseres Leistungssystems so aufeinander abgestimmt sind, dass sie die Erreichung der gewünschten Ziele unterstützen, und sich die Elemente gegenseitig in ihrer Wirkung stärken. Im folgenden Schaubild sehen Sie die Übersicht über das Wirkungsgefüge, das dann auf den nächsten Seiten erörtert wird.

Das Wirkungsgefüge des Leistungssystems

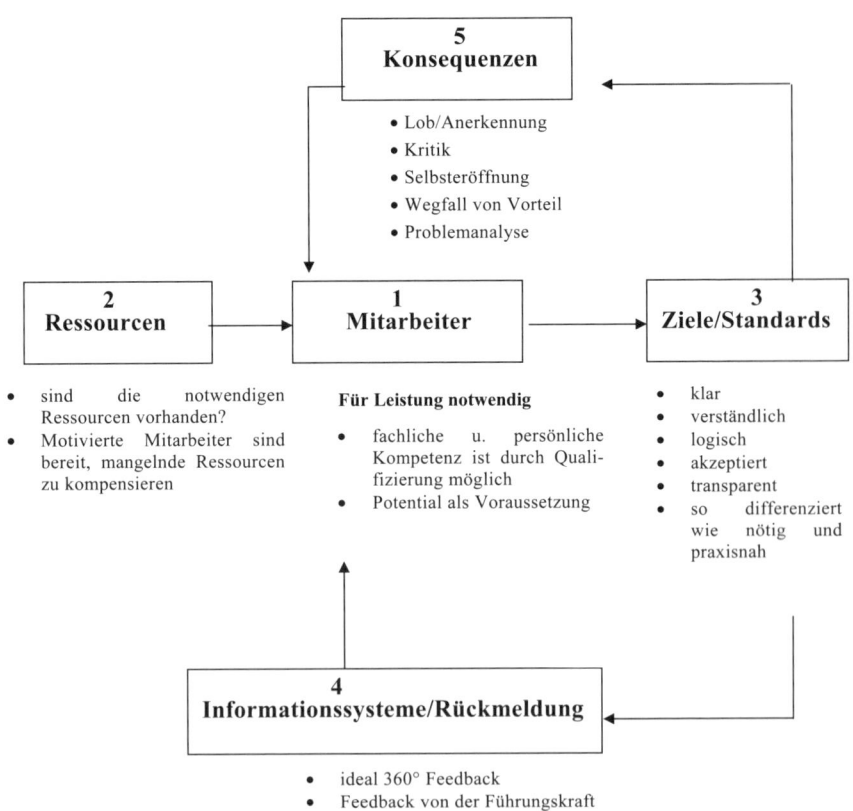

Element 1: Mitarbeiter

Die Leistung, die uns hier interessiert, wird von Menschen erbracht. Dazu bedarf es einer bestimmten Kompetenz (Fachwissen, Erfahrung), der notwendigen körperlichen und geistigen Voraussetzungen und des Willens, sich einzusetzen (Motivation). Bei Kompetenzproblemen ist Qualifizierung die angemessene Lösung. Durch angemessene Qualifizierungsprogramme lassen sich vorhandene Defizite bei entsprechender Eignung reduzieren. Insgesamt scheint mit die Motivation eine Resultante zu sein, die eher durch die anderen Elemente des Kompetenzsystems zu beeinflussen ist. Der verlockende Ansatz, Mitarbeiter direkt zu motivieren, Stichwort – Motivationstraining – scheint mir rausgeworfenes Geld zu sein.

Element 2: Ressourcen

Stellen Sie den kompetentesten Glasbläser ein und geben ihm kein Glas, dann wird er keine Leistung erbringen können. Das Beispiel erscheint trivial, macht aber auf ganz einfache Weise deutlich, dass die Tatsache, ob Leistung erbracht wird oder nicht, von viel mehr Faktoren abhängt als von Mitarbeitern alleine. Nämlich von all denen, die im Kompetenzsystem dargestellt sind. Zu den Ressourcen zählt Zeit ebenso wie Material, Infrastruktur und angemessene Arbeitsabläufe. Alles, was benötigt wird, um die geforderte Leistung zu erbringen, gehört zu diesem Element.

Element 3: Ziele und Standards

Alle Tätigkeiten in Ihrer Organisation sollten auf die Erreichung bestimmter Ziele gerichtet sein. Deshalb ist ein wesentliches Element des Leistungssystems, klare Ziele und Qualitätsstandards zu definieren. Das ist nicht selbstverständlich. Nur zu oft wachsen Mitarbeiter in einen Job hinein, finden beständig irgendwelche Vorgänge auf ihrem Schreibtisch, haben deshalb beständig viel zu tun und glauben demzufolge, produktiv zu sein. Die Frage nach dem Sinn und der Zielorientierung des eigenen Tuns wird nicht gestellt. Sie kennen sicherlich folgenden Satz: „Schaffe einen Arbeitsplatz und Arbeit entsteht". Nur ob diese Arbeit auch sinnvoll in Bezug auf die zu erreichenden Ziele ist, bleibt völlig unklar. Ein weiterer Grund spricht für klare Zielvorgaben. Je selbständiger Mitarbeiter handeln sollen, und genau das wird ja immer gefordert, desto genauer müssen sie wissen, wohin die Reise gehen soll. Wie soll denn Selbststeuerungspotential geweckt werden, wenn nicht klar ist, wohin gesteuert werden soll?

Element 4: Informationssysteme/Rückmeldung

Jemand, der sich selbst in Richtung eines Ziels steuern soll, muss zu jedem Zeitpunkt möglichst genau wissen, wie er im Hinblick auf die Erreichung dieses Ziels steht. Nur so ist eine selbständige Anpassung und Korrektur des eigenen Verhaltens möglich. Diese Informationen können ganz unterschiedlicher Art sein. Mündliches Feedback von Kollegen und Vorgesetzten zählt ebenso dazu wie die regelmäßige Übersicht über den selbst erzielten Umsatz oder Kennzahlen die im Betrieb vorhanden sind.

Element 5: Konsequenzen

Ein Unternehmen, dass neue Produkte einführt und den Vertriebsschwerpunkt auf diese neuen Produkte legen will, wird mit einiger Wahrscheinlichkeit einen Flop landen, wenn es gleichzeitig das alte Bonussystem beibehält, das den Verkauf der alten Produktlinie an alte Kunden belohnt. Die Vertriebsmannschaft wird sehr schnell verstanden haben, womit sie ihr Geld verdient, und sich dementsprechend verhalten. Mit Konsequenzen sind hier nicht nur Belohnungen gemeint. Es muss auch negative Folgen haben, wenn sich Mitarbeiter nicht für die vereinbarten Ziele einsetzen. Wenn ich regelbefördert werde, unabhängig davon, wie erfolgreich ich bei den mir übertragenen Aufgaben war, gibt es keinen Grund für mich, entsprechenden Einsatz zu zeigen. Im Gegenteil scheinen dann die Menschen als dumm, die mehr tun als notwendig. Wichtig ist hier also, dass es ein Element im System gibt, das dafür sorgt, dass die Konsequenzen „entstehen" und ihre Wirkung zeigen, gleichgültig ob positiv oder negativ. Hebel Nummer eins für eine Leistungsverbesserung sind klare und verbindliche Ziele in Verbindung mit relevanten, zeitnahen Informationen über den aktuellen Grad der Zielerreichung. In aller Regel wollen Menschen erfolgreich sein, und wenn sie wissen, worauf es ankommt, und sehen, wo sie selbst stehen, leiten sie meist selbst die notwendigen Maßnahmen bzw. notwendigen Korrekturen ein. Ohne Konsequenzen (materiell oder emotional) scheint für viele der Sinn an Leistung verloren zu gehen. Denken Sie daran: Konsequenzen können positiv oder negativ sein.

Mögliche Probleme

Ziele werden unklar formuliert:
Beides, sowohl klare Ziele als auch funktionierende Informationssysteme, sind in den meisten Organisationen nicht vorhanden. Die Ziele existieren bestenfalls in den Köpfen der Vorgesetzen, sie werden aber nicht kommuniziert und schon gar nicht vorgelebt. Fast in jedem Unternehmen können Sie folgen-

de Abfragekaskade durchspielen: Fragen Sie die Mitarbeiter, ob es offizielle Ziele gibt, erhalten Sie als Antwort "Nein!". Fragen Sie die Vorgesetzten, ob sie ihre Ziele deutlich vermittelt und transparent haben, erhalten Sie ein überzeugtes "Ja!". Fragen Sie dann diese Vorgesetzten, ob sie wiederum von ihren Vorgesetzten klare Ziele hätten, erhalten Sie wieder ein deutliches "Nein!". Deren Vorgesetzte sind selbstverständlich wieder überzeugt, klare Ziele formuliert zu haben, usw.

Auch die meisten Management-Informationssysteme können nur als rudimentäres Stückwerk bezeichnet werden. Generiert werden oft Zahlenfriedhöfe, die nur zu einem Bruchteil geeignet sind, auf der Ebene der Mitarbeiter Selbststeuerungsprozesse zu initiieren.

Die eigentlich interessante Frage ist: "Worüber müssen die Mitarbeiter informiert werden, um sich in allen Aspekten der Zielerreichung möglichst selbst steuern zu können?". Das ist aber nicht die Frage, aufgrund derer diese Management-Informationssysteme entstanden sind. Klare Ziele zu vereinbaren und die Mitarbeiter mit den zur Steuerung notwendigen Informationen zu versorgen, ist ein ganz anderer Ansatzpunkt der Leistungssteigerung. Oft auch ein wesentlich ökonomischerer. Sinnvoll sind Zielvereinbarungsgespräche, bei denen Sie mindestens einmal jährlich den Mitarbeitern die Firmenziele und Ihre Ziele deutlich machen. Hierbei hat der Mitarbeiter die Möglichkeit Verständnisfragen zu stellen, so dass er die Chance hat, die Erwartungen zu verstehen. Erst wenn die Ziele transparent sind, wird sich der Mitarbeiter damit identifizieren und seinen Beitrag zum Ganzen formulieren können. Der Mitarbeiter macht bei diesen Gesprächen deutlich, welche Informationen er benötigt und wie im Alltag der Informationsaustausch stattfinden sollte. Bei diesem Zielvereinbarungsgespräch wird auch deutlich gemacht, welche Qualifikationsmaßnahmen nötig sind, um die Ziele ereichen zu können. Eins ist ganz klar: Qualifizierung, der keine klaren Ziele vorausgehen und der keine Informationen über den Leistungsstand folgen, wird wenig bewegen. Es bleibt dann bei dem eingangs beschriebenen: "Irgendwie wird die ganze Sache der Organisation zu Gute kommen". Von zielgerichteter Investition keine Rede.

Der weitaus größte Teil der Mitarbeiter wird durch die Elemente 3 (Ziele/Standards) und 4 (Informationssysteme/Rückmeldung) zu Leistungsverbesserungen geführt werden. Oder anders gesagt: Diese Elemente ermöglichen es ihnen, sich im Wesentlichen selbst zu führen. Unterstützt wird das Ganze durch ein entsprechendes Konsequenzensystem: Belohnung für die Erfolgreichen, negative Folgen für die wenigen, die sich verweigern. Damit kein falscher Eindruck entsteht: Konsequenzen, auch negative, sind notwendig. Aber sie sind in den wenigsten Fällen ein zentraler Hebel. Positive Konsequenzen verstärken die Wirkung von Element 3 und 4. Negative Konsequenzen regeln den geringen Prozentsatz, der sich bewusst verweigert. Der Schwerpunkt liegt also nicht in Element 5, aber dieses Element ist bei einem System notwendig, das auf die Förderung von Leistung zielt. Hierdurch wird auch deutlich, weshalb ich in Kapitel 1 die Aussage machte: „Ohne Macht können Sie nicht führen".

Begeisterte Mitarbeiter kompensieren fehlende Ressourcen:
In der Praxis liegt der unwichtigste Hebel meist bei Element 2, den Ressourcen. Zwar müssen sie auf Dauer ausreichend vorhanden sein, aber fehlende Ressourcen sind auch das erste, was von begeisterten Mitarbeitern kompensiert wird.

Die Wirkung der Qualifizierung:
Qualifizierung kann ein Hebel sein, der Gold wert ist, sofern klar ist, dass es sich um ein Kompetenzproblem handelt, das nicht durch Arbeitshilfsmittel beseitigt werden kann und sofern die Qualifizierungsmaßnahmen in das oben skizzierte Gesamtsystem eingebettet sind. Sind diese Vorbedingungen nicht sichergestellt, wird das Geld für Qualifizierung oft vergeblich ausgegeben werden. Umgekehrt sollte bis hierhin deutlich geworden sein, dass es einige Ansatzpunkte zur Leistungsverbesserung gibt, die nichts mit Qualifizierung zu tun haben und oft auch wesentlich ökonomischer sind. Wichtig ist, dabei im Blick zu behalten, dass hier nicht ein Element gegen ein anderes ersetzt werden soll, sondern dass es um die Gestaltung des gesamten Kompetenzsystems geht. Die einzelnen Elemente stehen in einem systemischen Zusammenhang und beeinflussen sich gegenseitig.

6.3. Wie führe ich ein Kritikgespräch?

Ein Kritikgespräch wird dann geführt, wenn der Mitarbeiter gegen Vereinbarungen oder sonstige Regeln verstößt.
Das Ziel hierbei ist:
- den Mitarbeiter dazu zu veranlassen, das „fehlerhafte" Verhalten in Zukunft nicht mehr zu wiederholen oder seine Leistung zu optimieren
- dass der Mitarbeiter die notwendige Verhaltensänderung erkennt und einsieht
- unnötigen Frust beim Gespräch zu verhindern
- dass der Mitarbeiter auch in Zukunft weiterhin motiviert arbeitet.

Das Kritikgespräch, ist wahrscheinlich der schwierigste Gesprächstyp überhaupt.

Viele Mitarbeiter reagieren im Kritikgespräch mit Widerständen wie z.B.:
* *"Das ist nicht meine Schuld, wenn es nicht fertig ist!"*
* *"Sie hätten mir mehr Informationen geben müssen!"*
* *"Das gehört nicht zu meinen Aufgaben!"*

Denn Kritik ist ein Angriff auf unser Selbstwertgefühl und meist wird erwartet, dass der Mitarbeiter seine Gewohnheiten verändert, was mit Unsicherheit verbunden sein kann, zumindest jedoch unbequem ist.
Deshalb sollten Sie einige wesentliche Aspekte beachten. Sie finden im Folgenden einige Tipps und einen Gesprächsablauf, der Ihnen hilft, die schwierigsten Hürden zu meistern.

Vorgehensweise beim Kritikgespräch

In der linken Spalte werden die verschiedenen Phasen und in der rechten Spalte mögliche Formulierungen gezeigt.
Nach den einzelnen Aussagen wird jeweils dem Mitarbeiter die Möglichkeit gegeben, selbst eine Stellungnahme abzugeben um seine Sichtweise darstellen zu können. Damit verläuft das Gespräch im Dialog.
Ein sehr zentraler Punkt ist, dass Sie sehr klar Ihre Erwartungen formulieren, damit sich der Mitarbeiter in Zukunft daran orientieren kann, und vor allem die Kritik nachvollziehen kann. Erst wenn Sie Ihre Erwartungen formuliert haben, kann der Mitarbeiter den Stellenwert seines Verhaltens erkennen. Gerade junge Führungskräfte ignorieren oft diesen Punkt, da sie z.T. befürchten, zu autoritär zu sein.
Ich empfehle Ihnen, sich die folgende Struktur anzueignen. Damit verschaffen Sie sich Sicherheit für schwierige Gespräche. Diese Struktur eignet sich für fasst alle Arten von Gesprächen die Sie im Alltag führen. Ich trainiere seit vielen Jahren Führungskräfte auf unterschiedlichsten Ebenen und weiß auf Grund der Feedbacks und meiner persönlichen Erfahrung, dass diese Struktur erfolgreich funktioniert.

Gesprächsphasen	Formulierungsvorschläge
Begrüßung /Einleitung/Anwärmphase Gesprächsdefinition Zielformulierung	„Guten Morgen Frau Schettler, ich möchte mit Ihnen über den Arbeitsablauf im Sekretariat sprechen, um zu klären, wie dieser in Zukunft optimiert werden kann."
Problembeschreibung Sachliche Darstellung der Ist-Situation (positives Beispiele, kritisches Beispiele.)	„Frau Schettler mir fällt seit einiger Zeit auf, dass wir immer wieder in Terminverzug geraten. Dabei möchte ich betonen, dass Sie die Telefonate mit den Kunden und den anderen Kollegen sehr effizient und kurz abwickeln.

Stellungnahme des Mitarbeiters erfragen	Mir fällt jedoch auch auf, dass Sie seit ca. 5 Wochen ihre Pausen regelmäßig um bis zu über eine halbe Stunde überziehen und sich auch sonst öfters im Haus bei anderen Kollegen aufhalten und nicht am Arbeitsplatz sind. Wie sehen Sie das?"
Mitarbeiter stellt seine Sichtweise dar	„Ich kann Ihnen das gut erklären ..."
Darstellung der Erwartungen	„Mir ist es ganz besonders wichtig, dass wir unsere zugesagten Termine nicht nur bei den Kunden, sondern auch insgesamt hier im Haus einhalten um damit unser bisher positives Image aufrechterhalten zu können."
Frage nach Stellungnahme	„Wie sehen Sie das Frau Schettler?"
Mitarbeiter stellt seine Sichtweise dar	„Ich sehe das so ..."
Vereinbarungen Vorschlag für Spielregeln Erfragen von Spielregeln Vereinbarung	„Gut Frau Schettler, dann verbleiben wir so, dass Sie ab nächsten Montag ihre Mittagszeiten wieder einhalten und ihre Gespräche mit den Kollegen wieder auf das Notwendige reduzieren."
Verabschiedung (möglichst positive Atmosphäre am Ende des Gesprächs schaffen)	„Toll dass wir diese Irritation schnell klären konnten und ich freue mich auf unsere weiterhin gute Zusammenarbeit."

Tipps und Regeln

Tipp 1: *Ein konstruktives Kritikgespräch bleibt nur konstruktiv, wenn Sie es auch sind und bleiben*

Tipp 2: *Es ist Idealerweise ein Vier-Augengespräch*

Tipp 3: *Positiven Gesprächseinstieg wählen*

Tipp 4: *Positives Verhalten vom Mitarbeiter ansprechen*

Tipp 5: *Zu Beginn darstellen, was genau Sie kritisieren*

Tipp 6:   *Zuhören und die Meinung des Mitarbeiters erst verstehen, bevor Sie reagieren (vielleicht schwierigster Punkt)*

Tipp 7:   *Gemeinsam Ursachen suchen, mindestens jedoch gemeinsam Lösungen erarbeiten*

Tipp 8:   *Auswirkungen auf andere Bereich / Kunden usw. darstellen*

Tipp 9:   *Ihre Erwartungen als Führungskraft klar und verständlich darstellen und davon selbst überzeugt sein*

Tipp 10: *Mitarbeiter von der Notwendigkeit dieser Erwartungen überzeugen, bevor Sie eine konkrete Umsetzung mit dem Mitarbeiter besprechen*

Tipp 11: *Konkret Vereinbarungen treffen.*

6.4. Wie führe ich ein Abmahngespräch?

Ein Abmahnungsgespräch wird dann geführt, wenn der Mitarbeiter ein konkretes schuldhaftes Fehlverhalten zeigt und Sie erreichen möchten, dass er sich wieder an die Spielregeln hält. Sie können dies mit der „gelben Karte" beim Fußballspiel vergleichen. Der Spieler, der einen Fehler begangen hat, wird mit der gelben Karte abgemahnt. Diese Abmahnung kann man als Warnung verstehen. Denn macht er einen weiteren Fehler, dann wird er vom Platz gestellt.
Eine Abmahnung ist der Schritt vor der Kündigung und zum Schutze der Mitarbeiter bestimmt. Der Mitarbeiter bekommt, obwohl er einen konkreten schuldhaften Fehler gemacht hat, eine weitere Chance, sein Verhalten zu verändern. Mit der Abmahnung zeigen Sie als Führungskraft, wie ernst es Ihnen ist.

Die Ziele bei einem Abmahngespräch sind:
- Sie machen Ihrem Mitarbeiter eindeutig klar, dass Sie das Verhalten nicht tolerieren.
- Im Wiederholungsfall muss der Mitarbeiter mit ernsthaften (arbeitsrechtlichen) Konsequenzen rechnen.

Meine persönliche Erfahrung zeigt, dass bei einer Abmahnung oft formale Fehler gemacht werden. So werden Abmahnungen z.T. im Zorn ausgesprochen und können dann formal rechtlichen Kriterien nicht standhalten. Oft werden dann Führungskräfte von Ihren eigenen Chefs im „Regen stehen gelassen" mit Kommentaren wie: *„Also, das schaffen Sie auch ohne solche Maßnahmen, schließlich ist der Mitarbeiter schon viele Jahre im Betrieb".* Ich empfehle Ihnen, dass, bevor Sie eine Abmahnung aussprechen, Sie sich bei

Ihrer Führungskraft, bei der Personalabteilung eventuell auch noch zusätzlich oder bei einem Anwalt beraten lassen. Nichts ist peinlicher und für Ihr Image schädigender, als wenn Sie eine ausgesprochene Abmahnung wieder zurücknehmen müssen.

Vorgehensweise bei einer Abmahnung

Die Anwärmphase, so wie in vielen anderen Gesprächen *entfällt* bei diesem Gespräch. Sie kommen hier gleich zur Sache und sprechen das Problem direkt an.

In der linken Spalte werden die verschiedenen Phasen und in der rechten Spalte mögliche Formulierungen gezeigt. Wichtig ist es auch, dem Mitarbeiter selbst, eine Erklärung abgeben zu lassen. Dies ist zum einen ein persönliches Bedürfnis und zum anderen auch für die spätere hoffentlich wieder positive Zusammenarbeit wichtig.

Gesprächsphasen	Formulierungsvorschläge
Begrüßung und Gesprächsdefinition	„Guten Tag Herr Fritz, ich möchte mit Ihnen heute über ein unangenehmes Thema sprechen. Es geht um Ihre Telefonrechnung im letzten Monat."
Ist-Beschreibung	„Sie haben im letzten Monat für insgesamt € 365 telefoniert. Dabei habe ich festgestellt, dass Sie dabei vorwiegend privat nach USA telefoniert haben".
Soll-Beschreibung / Was ist die/ unsere Regel	„Sie wissen, dass wir eine Betriebsvereinbarung haben, in der ganz klar festgelegt ist, dass privates Telefonieren nur in Notfällen und dann auch nur kurz erlaubt ist. Außerdem hätten Sie diese Kosten auch auf Ihre Privattelefonrechnung laufen lassen müssen."
Fragen nach dem Grund des Fehlverhaltens	„Bitte erklären Sie mir, wie diese Rechnung zustande kommt."
Mitarbeiter gibt seine Erklärung	„Ja, ich habe mich im Urlaub neu verliebt und meine Freundin ist im Moment geschäftlich in Kanada. Das ist ja auch nicht so schlimm, da ich ja sonst noch nie unangenehm aufgefallen bin."
Sie machen deutlich, welchen Stellenwert aus Ihrer Sicht der Grund hat.	„Das ist richtig, dass Sie noch nie unangenehm aufgefallen sind. Jetzt in

	dieser aktuellen Situation geht es nicht nur um die Telefonrechnung, sondern es geht auch darum, dass Sie in der Zeit des Telefonierens nicht gearbeitet haben."
Welches konkrete Verhalten hätten Sie warum erwartet. Sie sprechen jetzt deutlich die Abmahnung aus.	„Ich hätte von Ihnen erwartet, dass, wenn Sie länger privat telefonieren, Sie sich dafür „ausstechen" und dann das Gespräch an Ihrem Apparat auf Ihre Privatrechnung führen. Ich werde Sie für dieses Verhalten abmahnen und mache Sie darauf aufmerksam, dass Sie im Wiederholungsfall mit der Kündigung rechnen müssen."
Die Abmahnung erhält der Mitarbeiter auch schriftlich	„Diese Abmahnung werden Sie auch noch schriftlich erhalten."
Motivationserhaltende Ergänzung	„Herr Fritz, ich hoffe, dass Sie diese Abmahnung nicht auf Ihre gesamte Arbeitsleistung beziehen. Mit dieser bin ich sehr zufrieden, ganz besonders mit xy. Um so bedauerlicher finde ich diese ganze Angelegenheit."
Verabschiedung	

Welche Abmahnungsgründe gibt es?

- Beleidigung des Vorgesetzten
- Unentschuldigtes Fehlen, auch z.B. Urlaubsverlängerung (Ist übrigens bereits ein Grund für eine fristlose Kündigung)
- Häufiges zu spät kommen
- Unerlaubtes Rauchen
- Viele Telefongespräche und Surfen im Internet
- Schweigepflicht wird verletzt
- Störungen des Betriebsfriedens; sexuelle Belästigung, Mobbing, Streitereien
- Verletzung von Arbeitsschutz- bzw. Sicherheitsvorschriften
- Nicht genehmigte Nebentätigkeiten
- Alkohol am Arbeitsplatz

6.5. Wie führe ich ein Gespräch mit einem Mitarbeiter mit Alkoholproblemen?

Das Verständnis von Alkohol am Arbeitsplatz hat sich die letzten Jahre bei uns in Deutschland stark gewandelt. In der Zwischenzeit gibt es eine Menge Betriebe, in denen komplettes Alkoholverbot besteht. In einigen Betrieben, sowohl im öffentlichen Dienst als auch in der Industrie, sind kleine Mengen von Alkohol z.b. bei besonderen Anlässen oder z.b. zum Mittagessen in Ausnahmefällen genehmigt. Hier gibt es auch regional- und branchen-spezifische Unterschiede.

Ein Gespräch mit einem Mitarbeiter wegen Alkoholverdacht wird dann geführt, wenn in der Betriebsvereinbarung ein Alkoholverbot vereinbart ist oder, wenn der Mitarbeiter durch vermehrtes Trinken unangenehm auffällt. Da er sich selbst und/oder andere gefährdet, Fehler macht oder andere unangenehm belästigt.

Bei diesen Gesprächen ist von Ihnen als Führungskraft viel Sensibilität und Mut gefragt. Da Sie hier oft ein Tabuthema ansprechen, zu dem Sie oft wenig konkrete Beweise haben und trotzdem einen schwierigen Weg konsequent gehen müssen.

Was sind die Ziele der notwendigen Gespräche?

Der ganze Prozess läuft meist in verschiedenen Etappen ab, die zunehmend härter und konsequenter geführt werden (Eskalationsprinzip).

Im ersten Gespräch ist es das Ziel, dem Mitarbeiter deutlich zu machen, dass sein Verhalten auffällig ist und Sie sich Sorgen machen.

Da Sie meist noch keine Beweise haben, sondern nur aufgrund von Vermutungen handeln, ist eine harte Vorgehensweise im ersten Gespräch nicht sinnvoll. Zudem ist es möglich, dass es sich um eine Ausnahmesituation handelt, was der Mitarbeiter in jedem Fall, auch um sich rauszureden vermutlich sagen wird. Für den Fall, dass Sie sich täuschen, würden Sie das Arbeitsklima mit einer harten Vorgehensweise unnötig belasten. Außerdem geben Sie dem Mitarbeiter bei einer weichen Vorgehensweise die Möglichkeit, sein Verhalten selbst zu ändern und sein Gesicht zu wahren.

Auch hier gilt, wie bei vielen Kritikgesprächen der Grundsatz: Sie beginnen immer mit den geringst mächtigen Mitteln. Das bedeutet, dass, wenn ein Feedbackgespräch, bei dem Sie das Verhalten wohlwollend ansprechen, zu keiner Verhaltensänderung führt, Sie zunehmend direkter werden und schließlich Abmahnungen bzw. Kündigungen an- oder sogar aussprechen.

Im zweiten Gespräch geht es darum, dass Sie dem Mitarbeiter die Bedeutung des Alkoholmissbrauchs deutlich machen und Sie klar aussprechen, dass Sie erwarten, dass der Alkoholkonsum ab sofort zu unterlassen sei. Sie bieten ihm in dieser Situation Hilfe an. Sie machen auch deutlich, dass, wenn sich das

Verhalten nicht sofort ändert, es zu massiven Konsequenzen kommen wird. Wenn Sie einen Alkoholmissbrauch belegen können, ist es möglich bereits jetzt die erste Abmahnung auszusprechen.

Beim dritten Gespräch ist Sinnvollerweise der Betriebs- bzw. der Personalrat mit dabei. Jetzt wird die Problematik und Bedeutung des Verhaltens erläutert und Sie bieten „Therapie statt Entlassung" an (manche Betriebsvereinbarungen sehen vor, dass der Personalrat/Betriebsrat bereits ab dem zweiten Gespräch mit dabei ist).

Ablauf des ersten Gesprächs

Aus meiner Erfahrung wird dieses Gespräch vermutlich wie folgt ablaufen:
(auch bei diesem Gespräch wird die gleiche Struktur wie beim Kritikgespräch verwendet)

Führungskraft (FK): Frau Schneider, ich möchte mit Ihnen über ein sehr persönliches und heikles Thema sprechen. Mir fällt seit einiger Zeit auf, dass Sie immer wieder nach Alkohol riechen. Außerdem beobachte ich, dass Sie in Besprechungen manchmal unkonzentriert wirken.

Mitarbeiterin (MA): Ich finde es unverschämt, mich so zu beschuldigen. Ich trinke nicht mehr als alle anderen hier und auch nicht mehr als in der Vergangenheit. Wie kommen Sie darauf, so etwas zu behaupten?

FK: Ich habe Ihnen bereits einige Gründe genannt. Außerdem habe ich gestern Abend in Ihrem Büro die Unterlagen zum Projekt X geholt. Dabei viel mir auf, das es in Ihrem Büro stark nach Alkohol gerochen hat. Sie wissen auch, dass Alkohol bei uns im Betrieb verboten ist. Trotzdem tun Sie das, warum?

MA: Sie täuschen sich da und ich werde mir das nicht gefallen lassen. Welche Beweise haben Sie denn?

FK: Ich kann nur wiederholen, was ich gesehen habe und Ihnen sagen, dass ich mir deshalb Sorgen mache. Ich bitte Sie, auf Alkohol in Zukunft zu verzichten. Ich werde Sie in der nächsten Zeit auch intensiver beobachten, und hoffe, dass ich mich getäuscht habe.

FK: Möchten Sie von sich selbst aus noch etwas sagen?

MA: Nein, Sie werden schon sehen was Sie davon haben. Auf Wiedersehen.

Völlig normal ist es, dass Menschen die bereits ein Problem mit dem Alkohol haben, dies massiv leugnen werden. Deshalb sollten Sie sich auf das Gespräch gut vorbereiten. Eventuell lassen Sie sich bei Ihrem Vorgesetzten oder in der Personalabteilung beraten. Dieses sich beraten lassen, ist in solch einer Situation sinnvoll, da es sich hier um ein ganz besonders schwieriges Problem handelt, bei dem selbst Führungskräfte mit 20 Jahren Berufserfahrung oft Mühe mit einer professionellen Gesprächsführung haben. Außerdem benötigen Sie im Wiederholungsfalle so oder so die Unterstützung der Personalleitung und des Betriebs- bzw. Personalrates.

6.6. Wie führe ich ein Kündigungsgespräch?

Das Kündigungsgespräch wird vermutlich mit zu Ihren schwierigsten Gesprächen gehören. Sie sollten sich hierzu auch mit Ihren Vorgesetzten und der Personalabteilung im Vorfeld auseinandersetzen (das Schwierigste hierbei ist nicht die Gesprächsstruktur, sondern Ihre persönliche Klarheit und Überzeugung). Bereiten Sie sich gut vor und machen Sie sich Notizen auch über den Gesprächsverlauf. Diese Notizen in Form eines Protokolls sollten Sie aufbewahren, da Sie dieses im Streitfall unbedingt benötigen. Für den Streitfall sollten Sie sich auch Notizen darüber machen, was Sie im Vorfeld unternommen haben, um den Mitarbeiter zu fördern bzw. um die Kündigung zu verhindern.

Ablauf des Kündigungsgesprächs

Gesprächsphasen	Formulierungsvorschläge
Begrüßung, ohne Anwärmphase. Sie kommen direkt zum Thema.	„Guten Tag Herr Hehlke, bitte nehmen Sie Platz. Herr Hehlke ich muss mit Ihnen heute ein unangenehmes Thema besprechen. Ich werde Ihnen heute Ihr Arbeitsverhältnis kündigen. Sie haben es vielleicht auch schon auf Grund der Vorfälle geahnt."
Pause. Sie warten ab, was der Mitarbeiter zu sagen hat.	
Darstellung der Gründe	„Ich möchte Ihnen die Gründe für diese Entscheidung nennen."
Mitarbeiter hat die Möglichkeit zu reden	
Verständnis für das Verhalten des Mitarbeiters zeigen.	„Ich kann verstehen, dass Sie deshalb wütend/verärgert/... sind."
Das weitere Vorgehen besprechen. Es wird geklärt, ob der MA sofort freigestellt wird oder ob er bis zum Schluss arbeitet. Ob die Kündigung so bestehen bleibt, oder ob es zu einem Aufhebungsvertrag kommt.	„Ich möchte mit Ihnen das weitere Vorgehen besprechen."

Eine Kündigung ist für alle Beteiligten eine unangenehme Sache. In der Praxis zeigt es sich, dass, sofern es sich nicht um eine betriebsbedingte, sondern um eine Kündigung aus persönlichen Gründen handelt, sich das Arbeitsklima insgesamt, meist sogar auch das Verhältnis mit der gekündigten Person bessert. In vielen Fällen führt eine „Nicht-Kündigung" eines problematischen Mitarbeiters zu weiteren Frustrationen und Demotivation der Kollegen. Es sind oft die Leistungsträger in der Abteilung, die die Arbeit dieser inkompetenten, unmotivierten oder destruktiven Kollegen übernehmen müssen und für Ihr persönliches Engagement genaugenommen bestraft werden. Außerdem werden von Mitarbeitern harte, aber gerechte Entscheidungen immer wieder befürwortet bzw. sogar gefordert. Nachvollziehen lässt sich diese Einstellung der Mitarbeiter auch am bereits in Kapitel 6.2 besprochenen Wirkungsgefüge des Leistungssystems. Widersprochen wird diesem Prinzip nur dann, wenn Mitarbeiter selbst davon im negativen Sinne betroffen sind. So wurde z.B. in der Bundesverwaltung immer wieder gefordert, dass die Leistungsträger stärker entsprechend ihrer Leistung entlohnt werden sollen. Jetzt wurde durch den neuen Tarifvertrag das Leistungssystem eingeführt und nun will es kaum noch jemand haben. Die Führungskräfte nicht, weil Sie Ärger mit Mitarbeitern befürchten und z.T. auch Mehrarbeit auf sich zukommen sehen, und die Mitarbeiter die selbst befürchten zu den Verlierern zu gehören, ebenfalls nicht.

7. Wie gestalte ich eine Teambesprechung?

7.1. Weshalb Teambesprechungen?
7.2. Wie bereite ich eine Teambesprechung vor?
7.3. Wie werden effektiv, motivationssteigernd und qualitativ hochwertige Entscheidungen in Teams getroffen?

Teambesprechungen durchzuführen, gehört mit zu Ihren zentralsten Führungsaufgaben. Wenn es Ihnen dabei gelingt, einige wichtige Regeln zu berücksichtigen, dann leisten Sie damit einen substantiellen Beitrag zur Mitarbeitermotivation und zu einer professionellen Aufgabenlösung.

7.1. Weshalb Teambesprechungen?

Viele Besprechungen in der Praxis sind vertane Zeit. Sie dauern zu lange, sind langweilig und bringen das Team nicht wirklich vorwärts. Aus dieser Erfahrung heraus ist sicherlich auch folgende Übersetzung von „Team" entstanden: *Toll ein anderer macht's.* Dabei liegen in einer Teambesprechung auch eine Menge Chancen, die Faktoren der Mitarbeitermotivation (siehe hierzu Kapitel 4) umzusetzen. Ich empfehle Ihnen, auch wenn Sie selbst in der Vergangenheit durch Besprechungen eher frustriert wurden, mutig und ausdauernd Ihre Fähigkeiten zur Optimierung von Besprechungen konsequent zu entwickeln. Es lohnt sich. Dies gelingt Ihnen am besten, wenn Sie Ihr eigens Verhalten als „Chef" oder „Chefin" immer wieder kritisch reflektieren und gemeinsam mit Ihren Mitarbeiten bei Bedarf oder einmal jährlich besprechen, wie Sie Ihre Besprechungskultur verbessern könnten.

Durch eine professionelle Teambesprechung erreichen Sie folgendes:
- Sie binden Mitarbeiter in den Entscheidungsprozess ein
- Sie nutzen die Synergieeffekte des Teams
- Die Mitarbeiter haben gleichzeitig Kontakt zu allen Kollegen. Sie stärken damit den Teamgeist und das "Wir-Gefühl"
- Sie schaffen einen verbesserten Informationsfluss und dadurch Transparenz für viele Ihrer Entscheidungen. Diese Transparenz erleichtert die Sinnerkennung vieler Prozesse und Entscheidungen
- Sie nutzen die "Weisheit" der Gruppe
- Die Entscheidungen werden qualitativ höher
- Der Austausch bewirkt eine ständige Weiterqualifizierung

7.2. Wie bereite ich eine Teambesprechung vor?

Wie schon erwähnt, werden viele Besprechungen als vertane Zeit empfunden. Diese können Sie vermeiden, wenn Sie sich selbst auf jede Besprechung gut vorbereiten. Der zentrale Punkt ist, dass Sie sich das Ziel der Besprechung und auch der einzelnen Tagesordnungspunkte deutlich machen. Nur, wenn Sie wissen, wo Sie hin möchten, haben Sie eine Chance dies auf einem ökonomischen Weg zu tun.

Ziele können sein:
* Das Team zu bestimmten Entscheidungen der Geschäftsleitung zu informieren
* Die Meinung der Mitarbeiter anhören, bevor Sie sich entscheiden
* Gemeinsam mit dem Team eine Entscheidung herbeiführen, wie bestimmte Prozesse in Zukunft ablaufen sollen
* Die Mitarbeiter von einer Sache überzeugen usw.

Diese Zielklarheit ist wichtig, da sich die Art und Weise der Besprechung nach der Zielsetzung richtet.

Checkliste: Ihre Aufgaben als Teamchef/in bei Besprechungen

Nehmen Sie sich Zeit um sich Ihrer Stärken und Schwächen zentraler Fähigkeiten bewusst zu werden. Prüfen Sie, wie gut es Ihnen gelingt, folgende Punkte umzusetzen:

	Wenig	akzeptabel	gut
• Eröffnung der Besprechung	☐	☐	☐
• Themen und Gesprächsziele definieren	☐	☐	☐
• Einigung über ungefähre Zeitstruktur	☐	☐	☐
• Zusammenfassen, Gespräche steuern, zum Thema zurückführen	☐	☐	☐
• Durcheinanderreden verhindern, Störer bremsen	☐	☐	☐
• Auf die Zeit achten	☐	☐	☐
• Verständnis sicherstellen	☐	☐	☐
• Management der Verhandlungsatmosphäre	☐	☐	☐
• Diskussionsbeiträge zusammenfassen und präzisieren	☐	☐	☐
• Punkt für Punkt ausdiskutieren und verabschieden	☐	☐	☐
• Vereinbarungen und Ergebnisse festhalten	☐	☐	☐
• Verantwortliche für die einzelnen Punkte klären	☐	☐	☐
• Zeiten und Ressourcen festlegen	☐	☐	☐
• Konzentration, ruhiges, gelassenes Vorgehen, keine Hektikorientierung	☐	☐	☐

Weshalb bereiten Sie sich vor?

- Sie informieren sich, damit Sie sachlich fit sind
- Sie machen sich Gedanken über den Ablauf der Besprechung und was und wie sie eventuell präsentieren möchten
- Die Vorbereitung gibt Ihnen persönliche Sicherheit und Sie bleiben somit auch in schwierigen Diskussionsphasen souverän und professionell
- Sie überlegen sich, wie der Mitarbeiter von dem Thema tangiert ist
- Wer soll/muss eingeladen werden, damit Sie später eine hohe Akzeptanz z.b. bei einer Entscheidung haben bzw.
- Sie von den entscheidenden Personen wichtige Informationen als Basis der Entscheidung erhalten

Wie bereiten Sie sich inhaltlich vor?

Ein entscheidender Erfolgsfaktor ist eine gute Vorbereitung.

- Sie sammeln die Themen, die Sie ansprechen möchten oder Themen die von Seiten der Mitarbeiter auf die Tagesordnung gesetzt werden sollten
- Sie klären für sich, was jeweils das Ziel der einzelnen Tagesordnungspunkte ist.
- Weiter klären Sie, welche Infos Sie zu jedem einzelnen Thema haben und wie Sie sich mehr Fakten verschaffen? (Materialsammlung anfertigen)
- Sie prüfen, ob sich bestimmte Tagesordnungspunkte aufgliedern lassen? Welche zusätzlichen Themen sind eventuell von diesem Punkt tangiert?
- Zusätzlich reflektieren Sie, wie mögliche Lösungen aussehen könnten? Was ist Ihnen wichtig? Worauf sollten Sie bezüglich der eigenen übergeordneten Ziele achten?
- Abschließend überlegen Sie sich, wie Sie die Themen in der Besprechung einführen und präsentieren?

7.3. Wie werden effektiv, motivationssteigernd und qualitativ hochwertige Entscheidungen in Teams getroffen?

Bei einer der ersten Teambesprechungen sollte die Art und Weise Ihrer Besprechungen selbst zum Thema gemacht werden. Damit Besprechungen für alle zufriedenstellend verlaufen, sollten Regeln vereinbart werden, wie diese in Zukunft ablaufen sollten.

In den Besprechungen orientieren Sie sich immer wieder an folgendem Leitfaden.

Die Mitarbeiter haben eine Einladung bekommen (schwarzes Brett, Email oder Brief). In dieser Einladung stehen die Tagesordnungspunkte, auf die Sie sich im Vorfeld, auch unter Einbeziehung der Mitarbeiter verständigt haben. Diese Vorab-Entscheidung ist deshalb wichtig, da Sie sich, wie auch die Mitarbeiter vorbereiten müssen.

Sie klären zu Beginn der Besprechung mit den Mitarbeitern in welcher Reihenfolge Sie die einzelnen Tagesordnungspunkte besprechen und wie lange Sie für die einzelnen Punkte benötigen. Da dieser zweite Punkt in der Praxis fast immer ignoriert wird, ist dies einer der Gründe, weshalb Besprechungen oft uneffektiv sind und sich unnötig in die Länge ziehen. Wenn Sie mit Ihren Mitarbeiterinnen und Mitarbeitern den zeitlichen Ablauf im Vorfeld klären, und Sie diszipliniert sind, werden Besprechungen in Zukunft zufriedenstellender und zunehmend häufiger in der geplanten Zeit verlaufen.

Sicher werden Sie nicht sofort Erfolge ernten, da die wenigsten von uns für die Zeitgestaltung bei Besprechungen sensibilisiert sind.

Jetzt geht es um Prioritätensetzung der Punkte, die in der heutigen Besprechung wirklich besprochen und welche auf die nächste Sitzung verschoben werden.

„Vertane Zeit ist gewonnene Zeit" (Andrej Baur)
Die Abklärung dieser eben besprochenen Punkte, wirkt erst einmal sehr zeitaufwendig und umständlich. Sie werden aber schnell feststellen, dass sich dieser Aufwand lohnt, da Besprechungen nicht nur schneller, sondern auch die Qualität der Ergebnisse besser und Sie damit erfolgreicher sein werden.

Fünf Phasen der Entscheidungsfindung

Ich empfehle Ihnen, nach der Eröffnung der Sitzung und Strukturierung der Themen, jeden Tagesordnungspunkt separat nach folgender Struktur zu bearbeiten.

1. **Informationssammlung**
2. **Persönliche Stellungnahme**
3. **Diskussion**
4. **Entscheidungsfindung**
5. **Analyse der Effekte**
   Kontrolle der Konsequenzen

Informationssammlung

Nachdem Sie eine kurze Einleitung zum ersten Tagesordnungspunkt gemacht haben, werden die Mitarbeiter aufgefordert, alle Informationen die sie zu diesem Punkt haben, zusammenzutragen. Wenn es sich um eine Menge Fakten handelt, empfehle ich Ihnen, diese zu visualisieren, damit diese jedem Mitarbeiter zur Verfügung stehen und jeder einzelne immer wieder Bezug darauf nehmen kann. Wichtig ist es, dass in dieser Phase nicht diskutiert wird, da sonst bereits einzelne Punkte „Tod geredet" werden. Eine Diskussion in dieser Phase wirkt vor allem auf ruhige Mitarbeiter eher negativ, weshalb sich diese dann meist zurückziehen. Diese ruhigen Mitarbeiter benötigen Sie jedoch auch später bei der Umsetzung der Entscheidungen. Außerdem haben die ruhigen Mitarbeiter oft ein hohes Wissen und sind analytisch sehr gut.

Persönliche Stellungnahme

Wenn Sie die Informationen bei der Informationssammlung zusammentragen, werden diese meist schon bewertet. Da wir es nicht gelernt haben, eine Trennung zwischen Fakten und Meinungen zu machen.

Falls Ihnen die Trennung zwischen der Informationssammlung und persönlichen Stellungsnahme nicht auf Anhieb gelingt, achten Sie mindestens darauf, dass auch in der jetzigen Phase nicht diskutiert wird. Wichtig zu wissen ist, dass durch die Phasen der Informationssammlung und der persönliche Stellungsnahme zum einen das ganze Know how und zum anderen die ganzen Erfahrungen und Meinungen des Teams zusammengetragen werden. Genau dadurch erreichen Sie eine gute Basis der Diskussion und die Mitarbeiter spüren, dass sie wichtig sind und einen wesentlichen Beitrag zum Teamergebnis leisten können. Achten Sie darauf, dass auch die ruhigen Mitarbeiter zu Wort kommen. Gerade die sind in dieser Phase besonders wichtig. Im einzelnen gelten für diese Phase folgende Regeln:

1. Jeder äußert seine persönliche Meinung mit Begründung
2. Jeder hört dem Statement des anderen zu
3. Verständnisfragen sind erlaubt und wichtig und werden beantwortet
4. Während dieser Phase ist keine Diskussion zulässig. Das Verhindern der Diskussion in den ersten zwei Phasen ist wichtig, da die Meinungen und Fakten zerredet werden, bzw. sich die Vielredner durchsetzen.

Diskussion

Jetzt liegen alle Fakten und das ganze Know how der Gruppe auf dem Tisch, so dass jetzt diskutiert werden kann. Die Diskussion dauert so lange, bis Sie beginnen, sich im Kreis zu drehen oder keine neuen Informationen mehr hinzukommen. Als Regel gilt hier, dass die reine Wiederholung des eigenen Standpunktes nicht zulässig ist, da dies eine Durchsetzungsstrategie ist, die inhaltlich meist nichts bringt, sondern nur Zeit kostet und die Teamkollegen nur nervt.

Die Qualität der Diskussion und der späteren Entscheidung, außerdem die Motivation der einzelnen Mitarbeiter, an der Diskussion aktiv teilzunehmen, ist stark von Ihrem persönlichen Führungsverhalten in der Diskussion abhängig. Nur dann, wenn es Ihnen gelingt, eine Atmosphäre zu schaffen, in der die Mitarbeiter den Eindruck haben, dass Sie auch bereit sind, sich überzeugen zu lassen, werden sie motiviert bleiben und sich an der konstruktiven Problemlösung beteiligen. Versetzen Sie sich bitte für kurze Zeit in die Situation, in der Sie selbst Mitarbeiter sind. Welches Verhalten erwarten Sie selbst von Ihrer Führungskraft, wenn es um Diskussion und Entscheidungsfindung geht?

Wie reagieren Sie, wenn Sie das Gefühl haben, dass Ihr Vorgesetzter „eigentlich" bereits eine eigene abgeschlossen Meinung hat, und das Meeting zur Alibiveranstaltung wird? In der Praxis ist es schwer, genau abzugrenzen, ab wann Sie stur sind oder als anderes Extrem, Sie zu schnell umfallen. Bedenken Sie bitte, dass es in den meisten Situationen nur wichtig ist, das Ziel zu erreichen. Ob es auf Weg A oder Weg B erreicht wird, wenn die Ressourcen berücksichtig werden, ist oft sekundär. Ich empfehle Ihnen, dass Sie sich selbst gegenüber besonders kritisch sind, wenn es um das Thema „Überzeugungsbereitschaft" geht. Beobachten Sie auch Ihre eigene Führungskraft, wie sie diese Regeln umsetzt.

Entscheidungsfindung

Für viele Führungskräfte ist diese Phase die schwierigste. Jetzt geht es darum, eine Entscheidung zu treffen, die zum einen sachlich/fachlich richtig ist und außerdem von den Mitarbeitern mitgetragen werden kann. Viele Führungskräfte haben Mühe, die Argumente von Mitarbeitern sachlich neutral zu bewerten. Diese werden oft abgewertet und die Führungskraft trifft eine Entscheidung, die weitestgehend nur von ihr selbst nachvollziehbar ist und nur für Sie selbst Sinn macht. Es ist wichtig, eine sachlich gute Entscheidung zu treffen, die auch aus Mitarbeitersicht richtig ist. Treffen Sie häufiger Entscheidungen, die an der Argumentation der Mitarbeiter vorbeigehen, dann macht eine Diskussion mit Ihnen als Führungskraft für den Mitarbeiter keinen Sinn mehr. Dies hat zur Folge, dass das Engagement der Mitarbeiter abnimmt, allgemeines Schweigen sich ausbreitet und darüber hinaus den Mitarbeitern, später bei der Umsetzung der Endscheidung, die Motivation fehlt. In der westlichen Welt treffen wir oft zu schnell eine Entscheidung und richtig diskutiert wird später bei der Umsetzung. Dies führt bei den Mitarbeitern zu Frust und die ursprüngliche Entscheidung wird allmählich verwaschen. In der Praxis lässt sich dies daran erkennen, dass eine Menge Projekte einfach mit der Zeit versanden.
Natürlich ist es falsch, Entscheidungen nur dann zu treffen, wenn alle Mitarbeiter die Entscheidung zu 100 % mittragen können. Wichtig ist es, dass Sie es schaffen, über die Zeit hinweg einen Ausgleich dahingehend zu schaffen, dass die Entscheidung nicht immer einseitig die Meinung einiger einzelner Teammitglieder oder Ihre eigene widerspiegelt.

Zusammenfassend lauten die Regeln:
1. Entscheidungen erfolgen möglichst einstimmig
2. Wenn dies nicht möglich: Mehrheitsentscheidung
3. In Ausnahmefällen: direktive Entscheidung durch Sie als Führungskraft

Formulierungsbeispiel: Entscheidungsfindung im Team

Begrüßung/Einführung
(Positive Atmosphäre schaffen, Darstellung der Tagesordnungspunkte, Ablauf und Zeitverlauf klären)
Führungskraft (FK): Guten Morgen zusammen. Wir treffen uns heute zu unserer wöchentlichen Besprechung und wir haben insgesamt sechs Themen heute zu besprechen. Dies sind:
1. Überstundenregelung
2. Kurzfristige Übernahme der Aufgaben von Frau Schnell
3. ....
4. ....

Gibt es sonst noch Punkte, die heute besprochen werden müssen, aber noch nicht auf der Agenda stehen?
Insgesamt haben wir heute zwei Sunden zur Verfügung.
Ich schätze, dass wir für Punkt eins ca. 20 Minuten benötigen. Herr Müller, was vermuten Sie, wie lange wir für Punkt zwei benötigen. (usw.)
Für alle sechs Punkte wird uns die Zeit nicht reichen. Was könnten wir auf das nächste Meeting verschieben, oder welchen Punkt könnten wir zeitlich reduzieren?
Dann können wir mit Punkt eins Starten. Bei diesem Punkt geht es darum, endlich eine Klärung für dieses Thema zu erarbeiten. Hierbei geht es darum, dass in der Vergangenheit immer wieder Klagen darüber aufgekommen sind, dass ...

Informationssammlung
(hier werden die Fakten, möglichst ohne Bewertung gesammelt)
FK: Ich möchte gerne im ersten Schritt alle Fakten die es zu diesem Thema gibt sammeln. Wie sieht denn Ihrer Meinung nach die Situation im Moment aus, welche Fakten haben Sie dazu?
Frau Wüst, möchten Sie beginnen?
Mitarbeiterin (MA): Frau Wüst schildert jetzt die ihr bekannten Fakten
FK: Herr Schetter, welche Infos können Sie dazu beitragen?
MA: Herr Schetter trägt seine Informationen dazu bei
FK: Wer hat außerdem noch Informationen zu dieser Situation?
(weiter Informationen werden gesammelt)

Persönliche Stellungnahme
(hier gibt möglichst jeder Mitarbeiter seine persönliche Bewertung der Situation und / oder äußert mögliche Lösungsvorschläge)
FK: Ich glaube damit hätten wir alle Informationen gesammelt. Im nächsten Schritt würde mich (sofern dies nicht schon gerade bei der Informationssammlung geschehen ist), interessieren, wie jeder von Ihnen die Situation bewertet und welche Vorschläge er zur Lösung hat.
Herr Döhring, möchten Sie beginnen?
MA: Mitarbeiter gibt seine Stellungnahme ab
FK: Das heißt also Herr Döhring, dass Sie der Meinung sind, dass wir die Situation im Moment noch nicht klären können weil ...?
Herr v. Kleinpass, wie bewerten Sie die Situation?
MA: Mitarbeiter gibt seine Stellungnahme ab
FK: Gibt es weiter Meinungen dazu?
(In dieser und in der vorausgehenden Phase ist es wichtig, dass Sie eine Diskussion verhindern, da sonst die Ideen, Fakten und Meinungen zerredet werden. Außerdem würden sich sofort wieder die Vielredner durchsetzen. Jedes Teammitglied hat die gleich Chance, die eigene Meinung ohne negative Bewertung zu äußern)

Diskussion
(es werden die verschiedenen Meinungen und mögliche Lösungen diskutiert)
FK: Herr Schetter, wie sehen Sie die Situation, wenn Sie diese verschiedenen Fakten bewerten?
MA: Herr Schetter gibt die Meinung zu den Standpunkten der Kollegen ab.
FK: Wie sehen dies die anderen Kollegen und Kolleginnen?
MA: Frau Wüst, meldet sich zu Wort usw.

Entscheidungsfindung
(Es wird eine Lösung herausgearbeitet, die geeignet ist, das Problem wirklich zu lösen, und die möglichst viele Interessen oder Meinungen der Mitarbeiter berücksichtig.)
FK: Gut ich glaube, dass wir dann alle Punkte diskutiert haben und keine unberücksichtigten Sachverhalte mehr vorhanden sind. Deshalb schlage ich folgende Lösung vor. ...

Analyse der Effekte
FK: Bevor ich mich entscheide, würde ich gerne nochmals prüfen, ob wir alle Fakten und Auswirkungen berücksichtigt haben ...
OK. Dann verbleiben wir also so, dass wir ab nächsten Monat ...

Tipps und Regeln

Tipp 1:   *Bereiten Sie sich auf Besprechungen gut vor (Ziele, Inhalte, Ablauf)*

Tipp 2:   *Zeigen Sie Wertschätzung auch den Mitarbeitern gegenüber, die keinen hohen Beitrag zur Lösung leisten*

Tipp 3:   *Nach der Sitzungseröffnung wird Reihenfolge und Zeitablaufplan geklärt*

Tipp 4:   *Der Entscheidungsprozess verläuft in fünf Phasen 1. Informationssammlung, 2. Bewertung der Informationen = persönliche Stellungnahme, 3. Diskussion, 4. Entscheidung, 5. Analyse der Effekte*

Tipp 5:   *Prüfen Sie, wie offen Sie für die Argumente der Mitarbeiter sind*

Tipp 6:   *Sie sorgen für die Einhaltung der Regeln*

Tipp 7:   *Sie sorgen für das Vorankommen des Entscheidungsprozesses*

Tipp 8:   *Sie sichern die Entscheidung ab*

Tipp 9:   *Sie unterstützen "Querdenker" im Team*

Was spricht für Team-, was für Einzelentscheidungen?

Oftmals argumentieren Führungskräfte:
"Ich bin letztlich verantwortlich und muss deshalb meine Entscheidungen selbst treffen!"
Hier wird von der Annahme ausgegangen, dass Teamentscheidungen von vornherein schlechter sind als Einzelentscheidungen. Es wird nicht berücksichtigt, dass die Führungskraft auch ein Mitglied des Teams ist und dass ihre Meinung voll in den Gruppenprozess mit eingeht.
Eine Entscheidung, in der zusätzlich zur Meinung der Führungskraft viele, und meist kompetente Meinungen von Teammitgliedern eingehen, kann selten schlechter sein, als die der Führungskraft allein. Dies setzt allerdings voraus, dass demokratische Mehrheitsentscheidungen, bei denen abgestimmt wird, ausgeschlossen werden.
Ihre Aufgabe als Teamchef ist es, den Entscheidungsprozess innerhalb der Gruppe konstruktiv zu lenken und voranzutreiben. Hierzu müssen Sie die sachlichen Grundregeln der Entscheidungsfindung (Problemlöseschritte) und die emotionalen und zwischenmenschlichen Komponenten des Gruppenprozesses einschätzen und steuern können.

Gruppenentscheidung

⇩   ⇩

Sachliche Aspekte   emotionale Aspekte

Ihre Aufgabe als Führungskraft ist es, dafür zu sorgen, dass Probleme gelöst werden. Sie sind Initiator, Moderator und Entscheider.

Was spricht jeweils für und gegen die Einzelentscheidung?

Vorteile:
- Schnell
- Entscheidungsprozess ist bequem

Nachteile:
- Erfordert hohe Kontrolle bei der Umsetzung
- Bei den Mitarbeitern entsteht meist passiver Widerstand
- Oft mit Frustration der Mitarbeiter verbunden
- Wichtige Informationen könnten fehlen
- Erzeugt Abhängigkeit und Initiativelosigkeit der Mitarbeiter
- Hohe Belastung bzw. Stress für Sie als Führungskraft
- Durchsetzung und Realisierung der Entscheidung schwierig

Was spricht für und gegen eine Teamentscheidung?

Vorteile:
- Meist qualitativ besseres Ergebnis
- Hohe Identifikation der Mitarbeiter mit dem Ergebnis
- Schnellere Umsetzung der Entscheidung
- Verteilung der emotionalen Belastung
- Mut auch schwierige Entscheidungen zu treffen
- Es entsteht „Wir-Gefühl"
- Synergieeffekte können genutzt werden
- Gegenseitige Ergänzung und Verhinderung von Fehlentscheidungen

Nachteile:
- Erfordert mehr Zeit
- Erfordert gewisse Qualifikation und Disziplin der Mitarbeiter und der Führungskraft
- Gefahr, dass die Verantwortung nicht klar festgelegt ist
- Bei ausgeprägter Harmonieorientierung besteht die „Tendenz zur Mitte" bzw. zum „faulen Kompromiss"

Wie löse ich schwierige Situationen?

Im Folgenden sind einige schwierige Situationen und mögliche Lösungsmöglichkeiten dargestellt.

- **Ein Mitarbeiter schweigt**
  Wiederholt zur Teilnahme auffordern und versuchen die Gründe seines Schweigens herauszufinden. Während einer Pause über die Gründe seines Schweigens reden. Freundlich behandeln. Eventuell ist es notwendig, dieses Verhalten in einem Zweier-Gespräch zu klären.

- **Mitarbeiter redet zu lange**
  Beiträge des Teilnehmers in stark gekürzter Fassung zusammenfassen und dann zu einem anderen Teammitglied übergehen. Wenn andere Teilnehmer stark gestört wurden, als „allgemeine Regel" eine Redezeitbeschränkung einführen. Im extremen Fall einfach unterbrechen: „Entschuldigung, dass ich Sie unterbreche, Herr Wüst meldet sich schon seit längerer Zeit zu Wort."

- **Ablenkung**
  Ein Mitarbeiter versucht, das Thema zu ändern. Sie führen immer wieder zum Thema zurück („Kommen wir wieder zurück zu unserem eigentlichen Thema" oder „Das ist sehr interessant, vielleicht können wir das im Anschluss noch besprechen, denn jetzt sollten wir unser eigentliches Thema weiter besprechen")

- **Gruppe widersetzt sich und schweigt**
  Dies kommt vor allem dann vor, wenn von vornherein unausgesprochen Widerstände und Frustrationen vorliegen. Am besten ist es, diese Widerstände und Frustrationen direkt zu erfragen: „Ich habe den Eindruck ...", Sie haben offensichtlich große Vorbehalte ...

- **Ein Mitarbeiter übt verletzende Kritik an einem anderen Kollegen**
  Beispiel:
  „Jetzt komme endlich auf dem Punkt und labere nicht so lange herum".
  Lösungsvorschlag:
  Das Positive an der Meinung des kritisierenden Mitarbeiters herausstellen und dann bitten, dass Kritik künftig in konstruktiver Art und Weise geübt werden solle. „Es ist gut, dass Sie darauf hinweisen, sich kurz und prägnant auszudrücken. Ich bitte Sie jedoch, dies in Zukunft konstruktiver zu tun".

Wie gehe ich mit unbrauchbaren Vorschlägen um?

Bei Diskussionen sollen Probleme gelöst werden. Oft werden dabei unbrauchbare Vorschläge gemacht. Wie können Sie solche Vorschläge behandeln, ohne den Mitarbeiter zu verletzten, bzw. zu demoralisieren?

Im Folgenden werden drei Möglichkeiten vorgestellt:
- Den unbrauchbaren Vorschlag, wie alle anderen auch, zur Kenntnis nehmen (aufschreiben, auf einer Karte an die Wand pinnen; auf Flip Chart schreiben etc.) und auf später verweisen. Eine Formulierung hierfür könnte z.b. sein: „Vielen Dank für den Vorschlag, ich schlage vor, dass wir im Lauf der Diskussion prüfen, wie wir diese Idee verwenden können. Mindestens abschließend sollte jedoch nochmals geklärt werden, ob der Vorschlag noch eingebunden werden sollte.
- Vorschlag durchdiskutieren, Vor- und Nachteile gegeneinander abwägen
- Kritik-Technik:

Bestätigung:	„Vielen Dank für den Beitrag. Da steckt sicher eine gute Anregung in Bezug auf ... drin."
Teilabwertung:	„Ich bin der Meinung, dass der Vorschlag in seiner derzeitigen Form jedoch auf folgende Schwierigkeiten stößt ..."
Vertrösten:	„Vielleicht können wir darauf eingehen, wenn ..."

Was kann die Leistungsfähigkeit Ihres Teams behindern?

Teams haben ein hohes Leistungspotenzial. Dieses wird in der Praxis immer wieder durch verschiedene Einstellungen oder Verhaltensweisen blockiert. Die folgende Liste soll Sie auf die wichtigsten Punkte aufmerksam machen. Beobachten Sie Ihr eigenes Verhalten, um solche Fehler zu vermeiden.
- Die Entscheidungsmacht liegt in den Linienfunktionen, so dass die Gefahr besteht, dass Teambesprechungen nur als Denkübungen eingesetzt werden und sich Mitarbeiter selbst kaum einbringen können, bzw. sich die Führungskraft seltenst überzeugen lässt.
- Die Entscheidungsspielräume der Mitarbeiter werden durch zu autoritäres Verhalten der Führungskraft eingeengt. Dadurch signalisiert die Führungskraft auch geringes Zutrauen in die Leistungsfähigkeit der Mitarbeiter.
- Dem Mitarbeiter werden Ressourcen vorenthalten, und die Prioritäten immer wieder verschoben.
- Die Teamergebnisse werden nicht ernst genommen, die Linienhierarchie setzt sich darüber hinweg.
- Erfolge der Vergangenheit. Der Glaube, dass sich Erfolg automatisch wiederholt.

- Egozentrisches Verhalten:
  Ein Prinzip, nach dem sich Menschen, insbesondere Experten, ihre Reviere abstecken und den Blick auf das Ganze verlieren. In der Praxis ist dies daran zu beobachten, dass einzelne Personen auf Ihrem Wissen „sitzen bleiben", bzw. immer wieder grundsätzliche Bedenken äußern.
- Schwarzer-Peter-Prinzip: Es wird schnell ein Schuldiger gesucht, um sich zu entlasten. Dies führt dazu, dass Mitarbeiter eigene Probleme oder gemachte Fehler nicht mehr ansprechen und zu vertuschen versuchen. In einem leistungsfähigen Team benötigen Sie eine Atmosphäre, in der Fehler gemacht werden dürfen. Erst im Wiederholungsfall haben Fehler Konsequenzen: Ausnahme: Fehler werden grob fahrlässig begangen.
- Hierarchie und Macht: Die Prinzipien, nach denen der Hierarch klüger ist und alles besser weiß.
- Harmonie und Gruppendruck:
  Synergien werden nicht genutzt, da Probleme nicht wirklich angesprochen und gelöst werden, um somit die Harmonie aufrecht zu halten. Mittel- und langfristig entstehen damit zusätzlich verdeckte Aggressionen. Über den Gruppendruck wird keine abweichende, neue Idee zugelassen. Z.B. „Wir haben uns schon gestern in der Besprechung mit Frau Göhring über dieses Thema unterhalten und sind gemeinsam zu dem Ergebnis gekommen, dass ...".
- Selbstdarstellung einzelner Kollegen.

Um diese Probleme in der Praxis zu vermeiden, ist eine regelmäßige Selbstreflektion von Ihnen als Führungskraft notwendig. Zusätzlich sollten Sie mit Ihrem Team in größeren Abständen die Art und Weise der Zusammenarbeit auf den Prüfstand stellen. Am wichtigsten scheint es mir aber zu sein, dass Sie in Ihrem Team eine vertrauensvolle, offene und ehrliche Atmosphäre schaffen. Hierfür brauchen Sie eine Einstellung die zum Ausdruck bringt, dass Sie gemeinsam mit Ihren Mitarbeitern als Kollegen oder Partner die Aufgaben bewältigen und Probleme lösen. Hierfür kann es sinnvoll sein, sich selbst immer wieder bewusst zu machen, wie Sie selbst von Ihrer Führungskraft behandelt werden möchten. Eventuell haben Sie aus Ihrer eigenen Erfahrung heraus in der Vergangenheit positive Erfahrungen mit Führungskräften gemacht, die Ihnen als Vorbild dienen können.

Man muss den Punkt kennen,
bis zu dem man zurückweichen darf.

Ernst Jünger

8. Wie werden Konflikte bewältigt?

8.1. Was versteht man unter einem Konflikt?
8.2. Wie werden Konflikte gelöst?
8.3. Welche Tendenz haben Sie, in Konfliktsituationen zu reagieren?
8.4. Test: Mein Konfliktverhalten
8.5. Wie können im Vorfeld unnötige Konflikte vermieden werden?

Fast alle Menschen haben mit Konflikten negative Erfahrungen gemacht. Deshalb werden Konflikte meist gemieden und als etwas bedrohliches erlebt. Sie kennen sicherlich auch die Erfahrung des reinigenden Gewitters. Dies zeigt, dass Konflikte positive Konsequenzen haben können.
Konflikte und deren Lösung gehören selbstverständlich zu Ihrem Tagesgeschäft. Gerade zu Beginn Ihrer Führungstätigkeit gibt es viele Gründe, weshalb es zu Konflikten kommen kann. So kann es Kollegen geben, die selbst auf diese Position gehofft haben und jetzt enttäuscht sind. Ihre Mitarbeiter müssen liebgewonnene Gewohnheiten aufgeben, da Sie vermutlich einige Prozesse, Aufgaben und auch die Art und Weise der Zusammenarbeit verändern werden. Gehen Sie davon aus, dass diese Art von Konflikten entstehen kann, und betrachten Sie dies als „normal".
Es geht nicht darum, Konflikte zu vermeiden oder zu beschönigen, denn sie sind ein unvermeidbarer Bestandteil des Zusammenlebens und des Zusammenarbeitens. Das Ziel des Umgangs mit Konflikten ist die Begrenzung der destruktiven Anteile und die Entfaltung der konstruktiven Seiten.
Natürlich werden Sie zu Beginn Fehler machen, die Sie mit mehr Erfahrung vermutlich nicht gemacht hätten. Und gerade an diesem Punkt kann man Sie immer wieder unter Druck setzen und Ihnen Vorhaltungen machen. Lassen Sie sich durch solche Spielchen nicht unter Druck setzen. Meist steckt nur dahinter, dass der Mitarbeiter/Kollege Sie emotional attackiert, damit Sie vor schlechtem Gewissen nachgeben und sich der Mitarbeiter/Kollege selbst nicht ändern braucht. Jeder Mensch lernt dazu und das dürfen Sie auch.
Das wesentliche Erfolgskriterium bei der Konfliktlösung ist Ihre persönliche Einstellung Ihren Mitarbeitern und der Sache selbst gegenüber. Prüfen Sie deshalb in jedem Konflikt, ob Sie offen für die Argumente der Mitarbeiter oder des Mitarbeiters sind, bzw. ob Sie den Mut haben, unangenehme Themen anzusprechen. Je selbstverständlicher Sie Konflikte angehen werden, desto

schneller wird Ihren Mitarbeitern klar, dass Sie die Sache ernst meinen, einen eigenen Stil haben und vor allem eine klare Vorstellung haben, für die Sie sich einsetzen. Führungskräfte, die so gut wie nie Konflikte haben, bleiben hinter ihren Möglichkeiten zurück. Dadurch wird meist die Zielerreichung in Frage gestellt, und mittel- und langfristig sinkt auch die Mitarbeiterzufriedenheit. Insgesamt nimmt die Konfliktwahrscheinlichkeit gerade bei konfliktscheuen Führungskräften zu.

Unabhängig Ihrer Person nimmt die Konfliktwahrscheinlichkeit aus folgenden Gründen immer mehr zu:

- Zum einen sind unsere Ansprüche von der Arbeit selbst und die Zusammenarbeit in den letzten Jahren stark gestiegen und wir fordern diese Ansprüche auch immer direkter ein.

- Zum anderen nimmt die Vernetzung immer mehr zu, so dass wir es immer häufiger mit Menschen zu tun haben, die völlig andere Interessen und Bedürfnisse als wir haben und es uns z.t. schwer fällt, damit umzugehen. Ein weiterer Grund ist die steigende persönliche Belastung, die uns reizbar und somit aggressiver macht.

8.1. Was versteht man unter einem Konflikt?

Zu Konflikten kommt es, wenn zwischen mindestens zwei Personen oder Parteien, die sich gegenseitig beeinflussen können, unvereinbare Wünsche, Ziele oder Handlungstendenzen bestehen. Ohne die Möglichkeit wechselseitiger Einflussnahme kann es zu Stimmungen, aber nicht zu Konflikten kommen.

Beispiel und die Konsequenzen:
Wenn also z.B. einer Ihrer Mitarbeiter eine Gehalteserhöhung haben möchte, Sie diese aber nicht geben können, besteht ein echter Konflikt.

Diese Situation kann dazu führen, dass beide Parteien frustriert auseinander gehen, oder aber dass dieser Konflikt zum Anlass genommen wird, über die Zusammenarbeit, die Aufgabenverteilung und Verantwortung grundsätzlich zu reden, um so eine Steigerung der Arbeitszufriedenheit, auch ohne Gehaltserhöhung, zu erreichen.

Konflikte haben eine Menge unterschiedlicher Funktionen. Ich empfehle Ihnen, sich diese auf der folgenden Seite genauer anzuschauen, da dies Ihre Haltung zu Konflikten grundsätzlich verändern kann. Zusammenfassend lässt sich sagen, dass Konflikte eine wichtige Funktion bei Veränderungs- und Klärungsprozessen unterschiedlichster Art haben.

Auf der folgenden Seite finden Sie eine Übersicht, über die möglichen Funktionen von Konflikten. Hier wird deutlich, dass Konflikte sehr viele grundsätzliche, und für die Zusammenarbeit notwendige Aspekte beinhalten.

Positive Funktionen von Konflikten

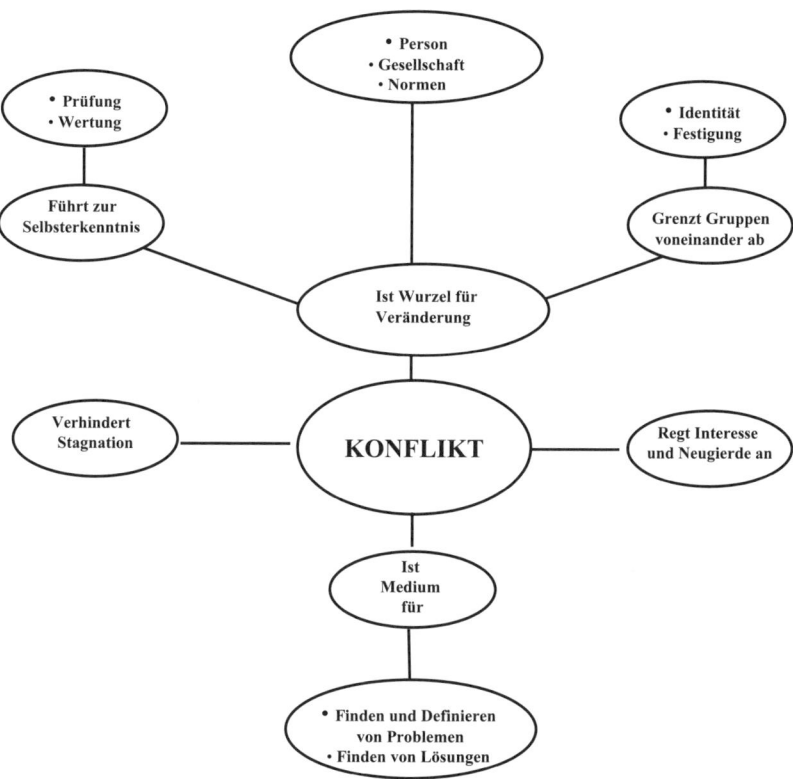

8.2. Wie werden Konflikte gelöst?

Der entscheidendste Faktor des Konfliktverlaufes ist Ihre persönliche Einstellung zum Konflikt, dem Thema und natürlich zum Mitarbeiter.
Im ersten Schritt geht es darum festzustellen, was die Ursachen des Konfliktes sind. Wichtig ist es zu klären, wodurch der Konflikt ausgelöst wurde. Stellen Sie sich vor, Sie müssten ein technisches Problem lösen, ohne Informationen über die vorliegende Situation zu haben. Diese Situation zwingt Sie dazu, sich Informationen über den aktuellen Stand und (eventuell) über die Entstehung des Problems zu sammeln. Denn ohne diese Informationen haben Sie wenig Chancen, das Problem in einem akzeptablen Zeitraum zu lösen. Technische Probleme zwingen uns zur Situationsanalyse. Diese Analyse entfällt leider oft bei Problemen/Konflikten mit den eigenen Mitarbeitern. Ebenso wichtig ist es jedoch auch hier, die aktuelle Ist-Situation zu klären, um sie verstehen zu können. Es geht um die Frage: „Was sind die Fakten?" und „Wie können wir das Problem lösen?". In erster Linie geht es nicht um die Frage: „Weshalb haben Sie das oder das getan?", denn dadurch fühlen sich Mitarbeiter schnell angegriffen und rechtfertigen sich für Ihr Verhalten. Stellen Sie sich hierzu folgende Situation vor und prüfen Sie, wie Sie sich selbst fühlen und handeln würden?
Einer Ihrer Mitarbeiter beklagt sich bei Ihrem eigenen Vorgesetzen über Ihr Verhalten ihm gegenüber. Jetzt spricht Sie daraufhin Ihr Chef an und fragt Sie: Warum haben Sie denn nicht schon vorher mit dem Mitarbeiter gesprochen, wenn das Problem schon seit Monaten besteht? Sie merken sicher, dass Sie sich angegriffen fühlen und sich schnell rechtfertigen oder verteidigen wollen. Die Frage nach dem „warum" hilft Ihnen kaum weiter. Die Frage nach dem warum, sucht den Schuldigen, und nicht die Lösung.

Deshalb ist es immer wichtig, nach vorne zu schauen und die Frage zu stellen:
*   Wie können wir das Problem oder den Konflikt lösen?
*   Was können wir tun, damit dies in Zukunft nicht mehr auftaucht?
*   Was ist das Ziel, dass Sie damit erreichen möchten?
*   Fragen Sie problemlöse- oder zielorientiert. Wenn Sie geklärt haben, was Sie erreichen möchten, lässt es sich leichter, auch in schwierigen Situationen, über Lösungen reden.
*   Was ist Ihr Ziel, das Sie damit verfolgen?
*   Wie können wir ereichen dass ...?

8.3. Welche Tendenz haben Sie, in Konfliktsituationen zu reagieren?

Konfliktverhalten lässt sich nach *fünf verschiedenen Reaktionsweisen* unterteilen. Dabei zeigt sich, dass Sie sich bei der Konfliktlösung, aktiv bzw. passiv oder negativ bzw. positiv verhalten können.
Ich empfehle Ihnen, die auf den nächsten Seiten beschriebenen fünf Handlungsstile genau durchzulesen und sich jeweils zu überlegen, in welchen Situationen Sie dieses Verhalten bei sich selbst beobachten können. Sie werden dabei feststellen, dass Sie in unterschiedlichen Situationen auch unterschiedlich reagieren.
Versuchen Sie im nächsten Schritt Ihre bevorzugte Verhaltenstendenz festzustellen. Die Frage ist: Liegen Ihre Stärken auf der Beziehungsebene oder auf der Sachebene oder ist es sogar ausbalanciert?

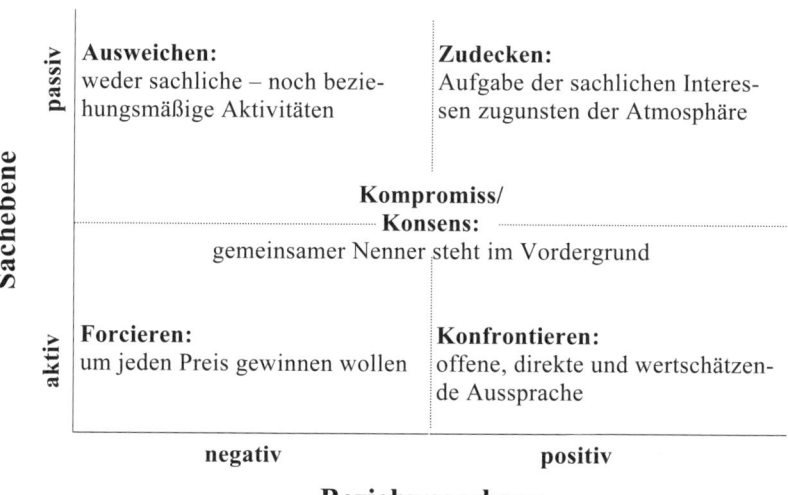

Fünf Reaktionsweisen der Konfliktbewältigung

Die **senkrechte Achse** reicht von aktiv bis passiv und beschreibt das *sachlich-inhaltliche Konfliktmanagement.* Sie haben also die Möglichkeit, im Konfliktverlauf aktiv Einfluss zu nehmen oder sich passiv zu verhalten.
Die **waagrechte Achse** reicht von positiv bis negativ und beschreibt die Haltung der Beteiligten hinsichtlich der *Art und Weise der Konfliktlösung.* In wieweit diese dem zwischenmenschlichen Klima und der Beziehungspflege bei der Bearbeitung von Konflikten Rechnung tragen wollen. Die beiden Achsen sind kurz mit den Begriffen „Sach- und Beziehungsebene" belegt.
Innerhalb dieses Achsenkreuzes finden Sie die fünf möglichen Handlungsstile der Konfliktlösung.

Forcieren

Wer Konflikte forciert, will die Auseinandersetzung unter Zuhilfenahme aller Mittel und um jeden Preis gewinnen. Wenn Sie sich für dieses Verhalten entscheiden, dominiert Ihr Streben nach einer sachbezogenen Lösung im eigenen Interesse. Die Belange Ihrer Konfliktpartner spielen keine oder nur eine untergeordnete Rolle. Sie werden auf der Sachebene aktiv, auch auf Kosten der Beziehungsstrukturen, und versuchen Ihren Konfliktgegner auszuschalten.

Effekt: Eventuell Erfolg in der Sache unter Einschluss negativer Auswirkungen für die Beziehungsstruktur. Dieses Verhalten macht nur dann Sinn, wenn Sie mit der entsprechenden Person/Gruppe in Zukunft nicht mehr vertrauensvoll und intensiv zusammenarbeiten müssen.

Selbstreflektion: Überlegen Sie sich, in welchen Situationen Sie dieses Vorgehen zeigen.

Zudecken

Das sogenannte „Zudecken" stimmt mit dem „ausweichen" darin überein, dass die Beteiligten keine sachbezogenen Aktivitäten zur Lösung eines Konfliktes unternehmen. Wenn Sie nach diesem Prinzip handeln, dominiert Ihre Suche nach dem Erhalt oder der Wiederherstellung einer freundschaftlichen Atmosphäre. Sachliche Meinungsverschiedenheiten stellen Sie unter Preisgabe Ihrer eigenen Ziele zurück und vermeiden die sachliche Auseinandersetzung.

Effekt: Hohe Aktivitäten auf der Beziehungsebene zugunsten des Erhalts einer emotional positiven und spannungsfreien Atmosphäre, auch auf Kosten sachlicher Interessen. Kurzfristig oder in vereinzelnden Situationen, wie z.B. zur Vorbereitung schwieriger Situationen oder quasi als Wiedergutmachung für große Opfer die in der Vergangenheit gebracht wurden, kann dies sinnvoll sein. Auf Dauer führt dies zu Frust und zu Problemen bei Ihrer Zielerreichung.

Selbstreflektion: Überlegen Sie sich, in welchen Situationen Sie dieses Vorgehen zeigen.

Ausweichen

Konflikten auszuweichen bedeutet, dass die Beteiligten weder bezüglich der Sache, noch bezüglich der Interessen aktiv werden. Sie versuchen sich aus Konflikten herauszuhalten oder sich möglichst schnell aus der Konfliktzone zurückzuziehen.

Effekt: Sachliche Entscheidungen werden von anderen getroffen, persönlich gibt es weder sachliche noch emotionale Beteiligung. Es besteht die Gefahr, dass zusätzliche Frustrationen entstehen.

Selbstreflektion: Überlegen Sie sich, in welchen Situationen Sie dieses Vorgehen zeigen.

Kompromiss/Konsens

Bei diesem Handlungsstil wird dem Gedanken des Gleichgewichts zwischen den Beteiligten besondere Bedeutung zugemessen. Sie streben eine für beide Parteien akzeptable Lösung des Konflikts an. Sie suchen nach einem Weg, der es beiden Parteien ermöglicht, etwas von ihrem eigenen Standpunkt realisieren zu können. Beide Parteien müssen Zugeständnisse machen. Damit laufen Sie Gefahr, nur den viel zitierten „faulen Kompromiss" zu erreichen.

Effekt: Es findet ein sachlicher und emotionaler Austausch statt. Es besteht die Gefahr, dass der Konflikt später erneut ausbricht, weil sachlich wie emotional kein Maximum erreicht wird. Um dies zu vermeiden und einen Konsens (neue Möglichkeit) zu ermöglichen, sollte nicht zu schnell eine Lösung angestrebt werden. Gelingt es, die Spannung auf einen akzeptablen Level zu halten, ist ein Austausch auf der sachlichen Ebene eher möglich und dadurch auch ein Konsens.

Selbstreflektion: Überlegen Sie sich, in welchen Situationen Sie dieses Vorgehen zeigen.

Konfrontieren

Konfrontieren bedeutet, ein Problem und dessen konfliktbeladene Bestandteile offen und direkt anzusprechen. Wenn Sie nach diesem Prinzip handeln, teilen Sie offen die Einschätzung über die Ursache des Konflikts und Ihre Gefühle, die damit verbunden sind, mit. Wenn Sie sich für die Konfrontation (nicht: Angriff) entscheiden, räumen Sie gewissermaßen den Weg frei, um Konflikte überhaupt lösen zu können. Sie sprechen die Probleme mit einer inneren Selbstverständlichkeit an und bleiben dabei wertschätzend.

Effekt: Suche nach einer übergreifenden Lösung, in der sowohl den Sach- als auch den Beziehungsinteressen maximal Rechnung getragen wird.

Selbstreflektion: Überlegen Sie sich, in welchen Situationen Sie dieses Vorgehen zeigen.

Tipps und Regeln

Beim Konfliktgespräch empfehle ich Ihnen, dass Sie sich dabei an folgenden zehn Punkten orientieren:

Tipp 1:   *Bindung aufbauen*
Ich will, dass mein Gesprächspartner das bekommt, was er „braucht"! Gemeinsame Ziele, Interessen klären.

Tipp 2:   *Person von Problem trennen*
OK-OK-Position herstellen. Dem „Konfliktpartner" Akzeptanz signalisieren und spezifizieren was stört.
Dies ist ein sehr wichtiger Punkt. Sie benötigen dem anderen gegenüber eine positive Einstellung, vor allem dann, wenn der Anlass des Konflikts etwas Persönliches ist. Z.B. Ein Mitarbeiter kommt regelmäßig zu spät. Dieses Problem ist nur eine kleine Facette des gesamten Mitarbeiterverhaltens. Grundsätzlich bist „Du aber ok". Wenn Sie dieses „Du bist ok" nicht zeigen können, dann haben Sie wenig Chancen, ein für beide Seiten tragbares Ergebnis zu erzielen.

Tipp 3:   *Eigene Interessen/Bedürfnisse feststellen*
(alle Konfliktparteien)
Was will ich? Was schätze ich an Dir?

Tipp 4:   *Bedürfnisse des anderen feststellen (alle Konfliktparteien)*
Was brauchst Du? Was schätzt Du an mir?
Was benötigst Du von mir?

Tipp 5:   *Blockadefreier Dialog*
Fragen zur Klärung der Situation stellen.

Tipp 6:   *Zielvereinbarung*
Was wollen wir gemeinsam erreichen?

Tipp 7:   *Lösungsoptionen*
Welche Lösungsidee habe ich? Welche Alternativen, Ideen hat der andere zu ...?

Tipp 8:   *Gemeinsamer Gewinn*
Sind unsere beiden Interessen gewahrt?

Tipp 9:   *Vertrag*
Was haben wir vereinbart? Wie gehen wir mit Ausnahmen um?

Tipp 10: *Beziehung wird positiv fortgesetzt*
Ist alles Wesentliche geklärt? Fortsetzung? Wann?

8.4. Wie können im Vorfeld unnötige Konflikte vermieden werden?

Auch dann, wenn Konflikte, konstruktiv gelöst werden, treten z.T. negative Emotionen auf, die den Arbeitsalltag negativ beeinflussen. Ich empfehle Ihnen deshalb unnötige Konflikte zu verhindern.

Viele Konflikte entstehen aus Enttäuschungen, so dass bei einem kollegialen, partizipativen Führungsstil, viele Konfliktursachen schon von vornherein vermieden werden.

Die folgenden Beispiele helfen Ihnen, sich weiter zielorientiert und gleichzeitig konfliktdämpfend zu verhalten. Mit diesen Methoden nehmen Sie viel Druck aus der Situation.

Auf Ich-Botschaften achten

In vielen täglichen Arbeitssituationen kommt es zu Frustrationen. Der Mitarbeiter, der mit diesen Frustrationen nicht richtig umzugehen weiß, drückt sich vielleicht etwas ungeschickt und vielleicht auch manchmal aggressiv aus.

Beispiel:

„Sehen Sie, ich war lange Zeit bereit, mein Bestes zu geben und mich anzustrengen. Aber wenn alles, was man tut, doch keinen Sinn hat, weil man dem Vorgesetzten nichts recht machen kann, dann verliert man die Lust, resigniert und sieht sich nach anderen Möglichkeiten um".

Darin ist, wie in allen Sätzen, die wir sagen, eine indirekte Ich-Botschaft und eine indirekte Du-Botschaft enthalten. Es geht hier um die Frage: Was sagt der Mitarbeiter indirekt in Form der Ich-Botschaft über sich selbst und was sagt er indirekt in Form der Du-Botschaft über Sie als Führungskraft?

Ich-Botschaft:	Ich habe mich angestrengt.
	Ich bin ok!
	Ich möchte mehr Anerkennung!
Du-Botschaft:	Du gibst mir keine Anerkennung.
	Du behandelst mich ungerecht.
	Du bist undankbar.

Diese Du-Botschaften sind ohne Zweifel ein Vorwurf auf den die meisten Menschen reagieren. Sie fangen an sich zu verteidigen oder den Mitarbeiter zurechtzuweisen. Dies schafft neue Probleme; denn zusätzlich zu dem Faktum, keine Anerkennung zu bekommen, bekommt der Mitarbeiter nun eine Rüge. Z.B. könnte eine Antwort einer Führungskraft sein: „Ich glaube nicht, dass Sie sich beschweren können. Wenn Ihnen die Situation nicht gefällt, hätten Sie auch schon früher etwas sagen können."

Wenn Sie auf die Ich-Botschaft achten, fühlen Sie sich selbst nicht angegriffen und können deshalb viel leichter konstruktiv bleiben. Außerdem formuliert der Mitarbeiter in seinen Ich-Botschaften seine Erwartungen und Probleme. Durch die Ich-Botschaften haben Sie die Möglichkeit, wesentlich einfacher und schneller den Mitarbeiter zu verstehen und sich auf ihn einzustellen. Diese Technik funktioniert sehr gut, kostet nur etwas Übung. In den meisten Fällen werden Führungskräfte mit einer W-Frage reagieren wenn sie auf die Ich-Botschaften (z.B. Ich fühle mich ungerecht behandelt. Ich möchte mehr Anerkennung) achten. Eine Frage hierauf könnte lauten: „Wie meinen Sie das?"

Ich möchte nochmals deutlich machen, dass immer beide Arten von Botschaften enthalten sind. Welche der beiden Sie hören, liegt bei Ihnen. Auch wenn es gerade in schwierigen Mitarbeitersituationen schwer ist die Ich-Botschaften zu hören, sind sie gerade in solchen Situationen besonders wichtig. Interessanterweise hören wir bei Menschen, die wir mögen, viel eher die Ich-Botschaften, als bei Menschen die uns unsympathisch sind. Es ist Ihre Entscheidung, Sie haben die Wahl.

Ansprechen des Konflikts
- „Wir haben in der Vergangenheit sehr ausgiebig und manchmal auch sogar hart miteinander verhandelt."
- „Wir sind ohne Zweifel in einer etwas schwierigen Lage."

Entlastung des Gesprächspartners
- „Nun, Sie müssen bestimmte Interessen vertreten und da liegt es in der Natur der Sache, dass man auch mal hart miteinander ins Gespräch geht. Ich möchte Ihnen damit keinen Vorwurf machen, ganz im Gegenteil."

Aufwertung des Mitarbeiters
- „Trotz der schwierigen Situationen waren Sie immer fair."

Darstellung des eigenen guten Willens bzw. der eigenen Kooperationsbereitschaft
- „Von meiner Seite aus ist aller guter Wille da, Ihnen nach Möglichkeit entgegenzukommen."

Zielsetzung klären
- „Deshalb stelle ich mir die Frage, ob es nicht möglich und sinnvoll wäre, bei zukünftigen Problemen rascher zu einer Einigung zu kommen. Was meinen Sie, unter welchen Bedingungen so etwas möglich wäre?"

Verständnis zeigen/Bestätigung
- Eine sehr wichtige Gesprächstechnik ist die Technik der „Bestätigung". Bestätigung heißt, Verständnis für die Situation bzw. das Problem des Mitarbeiters zeigen, ihn anzuerkennen oder ihn persönlich aufzuwerten.

Dies sollte nicht nach einem allgemeinen Schema erfolgen, sondern sich direkt auf das vom Gesprächspartner Geäußerte beziehen. Das bedeutet, dass Sie dem Mitarbeiter das sagen, was er Ihnen bereits indirekt in seiner Ich-Botschaft formuliert hat. Es geht hierbei darum, dass Sie das „Nicht-ausgesprochene" artikulieren.

Beispiel:
Mitarbeiter: „Schon wieder eine Umstellung! Können die da oben denn nicht besser planen?"

Schritt 1:
Welche Ich-Botschaft ist in dieser Äußerung indirekt angesprochen:
„Ich möchte mich nicht ständig ändern müssen."
„Mich stört die ständige Mehrbelastung."

Schritt 2:
Aufgreifen dieser Ich-Botschaft und umwandeln in eine Bestätigung:
„Bei Umstellungen ergeben sich immer Mehrbelastungen. Ich verstehe, dass das für Sie störend ist."
Somit zeigen Sie dem Mitarbeiter, dass Sie den emotionalen Kern seiner Aussage verstanden haben. Dies führt dann in der Folge zu einer Entspannung und zur Aufrechterhaltung der Gesprächsbereitschaft.

Methode der gemeinsamen Basis
Die Methode der gemeinsamen Basis besteht darin, Punkte herauszukristallisieren, in denen kein Interessenskonflikt besteht. Von diesen Punkten aus ist der eigene Vorschlag/ die eigene Forderung abzuleiten. Diese Methode hat einen rational, positiven Effekt, da nicht nur die Konfliktthemen die im Moment trennen, thematisiert werden, sondern damit auch deutlich wird, dass es in einigen Punkten Gemeinsamkeiten gibt.

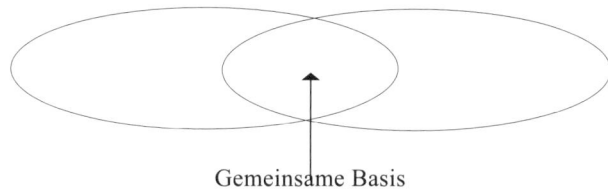

Gemeinsame Basis

Beispiele:
- „Nachdem wir wesentliche Punkte geklärt haben, sehe ich folgende Dinge, die unstrittig sind ..."
- „Im Grunde sind wir uns doch einig. Wir wollen doch beide, dass ..."

9. Was ist bei der Einleitung und Durchführung von Veränderungs-Prozessen zu beachten?

9.1   Welche Grundsätze sind beim Change-Management zu beachten?
9.2   Checken Sie Ihre persönliche Qualifikation fürs Change-Management

Tipps und Regeln

Tipp 1:   *Wenn Veränderungen der Organisation anstehen, machen viele Führungskräfte den Fehler, dass sie ein fertiges Konzept auf den Tisch legen. Für die Analyse und dann die Konzeptentwicklung wird die größte Sorgfalt und in der Regel auch die meiste Zeit verwendet – viele Monate, manchmal sogar Jahre. Bei der Umsetzung, kann es dann meist nicht schnell genug gehen. Die Praxis zeigt, dass das was so professionell erarbeitet wurde und auf dem Papier so logisch erscheint, in der Praxis nicht funktioniert. Meist deshalb, da die Mitarbeiter mit viel Widerstand reagieren.*

Tipp 2:   *Wenn Sie Veränderungsprozesse erfolgreich, mit motivierten Mitarbeitern durchführen möchten, empfehle ich Ihnen, sich an folgenden acht Prinzipien zu orientieren.*

9.1. Welche Grundsätze sind beim Change-Management zu beachten?

Acht Grundsätze im Überblick:

1. Zielorientiertes Management: Klare Ziele festlegen; Ablaufplan definieren; Kontrollpunkte festlegen.
2. Keine Maßnahme ohne Diagnose: Die Sichtweisen aller Interessengruppen sind wichtig.
3. Ganzheitliches Denken und Handeln: Mitarbeiter funktionieren nicht einfach nur so.
4. Beteiligung der Betroffenen: Damit können sich Mitarbeiter mit den Zielen identifizieren und die Ergebnisse werden inhaltlich besser.
5. Hilfe zur Selbsthilfe: Die Projektgruppen arbeiten weitestgehend selbständig.

6. Prozessorientierte Steuerung: Immer wieder den Status quo feststellen und eventuell nachsteuern, damit die Zielerreichung möglich bleibt.
7. Lebendige Kommunikation: Persönlicher Kontakt und ein zuverlässiger Informationsfluss ist während des gesamten Projekts notwendig.
8. Sorgfältige Auswahl der Schlüsselpersonen: Nur wenn Sie es schaffen, die einflussreichen Personen zu gewinnen, haben Sie eine Erfolgschance.

1. Grundsatz:
Zielorientiertes Management

Es mag banal erscheinen, wenn hier als erstes auf eine scheinbare Selbstverständlichkeit hingewiesen wird: *Ein Projekt, das brauchbare Ergebnisse zeigen soll, muss zielorientiert geführt werden.* Es gehört zu den verhängnisvollen Missverständnissen unserer Zeit, zu glauben, menschenorientierte und partizipative Führung – wie wir sie propagieren – vertrage sich nicht mit systematischer Planung, Steuerung und Kontrolle. Vertreter einer falsch verstandenen humanistischen Psychologie wie die modernen Sozialwissenschaften sie nun mal auch hervorgebracht haben – werfen ihren Bannstrahl auf alles, was nach Hierarchie und nach Macht riecht. Führung ist für sie von vornherein suspekt. In Wirklichkeit ist es gerade umgekehrt: Ohne Führung wird Partizipation zur Fahrt ins Blaue und endet früher oder später im Gestrüpp.

Über folgende Punkte sollte zu Beginn der Projektarbeit Klarheit herrschen:

1. Ausgangslage
- Wo drückt der Schuh?
- Warum ist Veränderung angesagt?
- Wie begründet sich der Handlungsbedarf?

2. Zielsetzung
- Welches sind die Ziele des Projektes?
- Was soll durch das Projekt konkret erreicht werden?
- Was wird danach anders sein, als es jetzt ist?

3. Erfolgskriterien
- Welches sind die Kriterien der Zielerfüllung?
- Wie soll der Projekterfolg qualitativ beurteilt werden?
- Wie soll der Projekterfolg quantitativ gemessen werden?

4. Organisation
- Wie sollen die Aufgaben verteilt sein – wer tut was?
- Wer ist für Koordination und Steuerung zuständig?
- Wo liegt die Verantwortung für die Entscheidungen?

5. Planung
- In welchen Phasen verläuft die Projektarbeit
  – und was passiert konkret in jeder einzelnen Phase?
- Welches sind die wichtigsten »Meilensteine«
  – und was muss bis zu diesen Fixpunkten jeweils geleistet sein?
- Wie sieht der Terminplan des Projektes aus?
  – Wann muss jede einzelne Phase, wann das Gesamtprojekt abgeschlossen sein?

6. Kontrolle
- Wie soll der Projektfortschritt kontrolliert werden?
- Wann und wie soll jeweils eine kritische Zwischenbilanz gemacht werden?
- Wer hat die Befugnis, bei Zielabweichungen korrigierend einzugreifen?

2. Grundsatz:
Keine Maßnahme ohne Diagnose

Bei vielen Veränderungsprozessen beginnt schon hier das Scheitern des Projekts. Man glaubt, die Situation zur Genüge zu kennen, und beginnt mit der Entwicklung von Konzepten – anstatt die *Ist-Situation* systematisch zu analysieren und den *Soll-Zustand* möglichst konkret zu beschreiben.

In der Medizin gilt der Satz: *„Jede Therapie ist nur so gut, wie die ihr zugrunde liegende Diagnose."* Keiner, der sich in die Obhut eines Arztes begibt, würde dies in Frage stellen. Übertragen auf die Personalauswahl bedeutet dies: Personalauswahl ist max. so gut wie das Anforderungsprofil. Auf die Organisationsentwicklung übertragen, kann man formulieren: *„Eine gute Analyse ist der halbe Projekterfolg".* Diese Erkenntnis ist allerdings noch lange nicht Allgemeingut geworden.

Die Daten-Grundlage für die Beurteilung der aktuellen Situation in einer bestimmten Organisationseinheit kann nur von denjenigen geliefert werden, die in dieser Organisationseinheit arbeiten. Und häufig genug wissen auch nur sie, was sinnvoller Weise verändert werden sollte. Am Anfang eines Veränderungsprojektes steht deshalb fast immer eine Befragung der betroffenen Mitarbeiter und Führungskräfte:
- *Was läuft gut?*
- *Was läuft nicht so gut?*
- *Wie sollte es sein?*
- *Was für Veränderungen sind angezeigt?*
- *Wie könnten sie realisiert werden?*

Diese Befragung kann in Zweiergesprächen, in Gruppen oder auch schriftlich geschehen. Auf Grund meiner Erfahrungen empfehle ich Ihnen (auch in großen Organisationen) mit persönlichen Gesprächen zu beginnen, damit Sie, falls Sie sich für einen Fragebogen entscheiden sollten, die richtige Stoßrichtung finden.

3. Grundsatz:
Ganzheitliches Denken und Handeln

Eine der häufigsten Ursachen für Fehlschläge bei Veränderungsprojekten liegt darin, dass Technokraten am Werk sind, die bei ihrer Planung alle technischen, strukturellen und ökonomischen Aspekte berücksichtigen – und alle menschlichen und zwischenmenschlichen Aspekte ebenso konsequent missachten.

Die Unterlassungssünden beginnen häufig bereits bei der *Analyse der Ist-Situation:* Die technischen und ökonomischen Strukturen und Abläufe werden eingehend untersucht – Arbeitsklima, Motivation, Führungsstil, Entscheidungsvorgänge, Zusammenarbeit innerhalb und zwischen den einzelnen Organisationseinheiten sind keine Themen.

Die einseitige Sichtweise setzt sich fort bei der *Gestaltung der Projektarbeit:* Das Projekt wird systematisch durchgeplant und straff organisiert – aber ob die Belegschaft die Projektziele verstanden und akzeptiert hat, ob die einzelnen Gremien personell richtig zusammengesetzt sind, und ob die eingesetzten Mitarbeiter die vorgesehenen Aufgaben in der zur Verfügung gestellten Zeit erfüllen können, interessiert niemanden.

Und bei der *Konzeption der zukünftigen Organisationsstruktur* wiederholt sich das gleiche Muster. Da wird beispielsweise ein gertenschlanker Organisationsplan mit wenigen Hierarchieebenen und breiten Führungsspannen entworfen – und niemand prüft, ob diese Struktur mit der herrschenden Führungskultur in Einklang zu bringen ist und ob die vorhandenen Führungskräfte aufgrund ihrer Fähigkeiten und Erfahrungen überhaupt in der Lage sind, breite Führungsspannen zu managen.

Ganzheitliches Denken und Handeln in Organisationen bedeutet, nicht nur der „Hardware" Beachtung zu schenken, sondern auch der „Software". Das Phänomen „Organisation" muss im Grunde immer unter drei Gesichtspunkten betrachtet werden:
- *Strukturen*
Aufbauorganisation, Ablauforganisation, Führungssysteme
- *Verhalten*
Motivation und Identifikation, Kommunikation und Kooperation
- *Kultur*
geschriebene und ungeschriebene Gesetze und Spielregeln, Belohnungs- und Sanktionsprinzipien.

Ganzheitliches Denken und Handeln bedeutet ferner, dass Sie sorgfältig auf wichtige *Vernetzungen* achten. Im Wirkungsgefüge einer komplexen Organisation kommt es nicht nur auf die Struktur und die innere Verfassung der einzelnen Organisationseinheiten an. Zwischen menschlichen Individuen, Gruppen und Organisationseinheiten kommt es in der Praxis zu dynamischen *Wechselwirkungen.* Es gibt immer wieder Schwachstellen, deren Ursache weder in der einen noch in der anderen Organisationseinheit gefunden werden kann. Der Grund: Sie liegt ausschließlich in einer *Dysfunktionalität des Zu-sammenspiels* begründet. Wenn in einer Organisation beispielsweise vorgeschrieben ist, dass jede einzelne Rechnung von drei oder vier Stellen einzeln geprüft werden muss, ist mit an Sicherheit grenzender Wahrscheinlichkeit anzunehmen, dass keine einzige Rechnung sorgfältig geprüft wird. Jeder geht nämlich davon aus, dass die bei ihm vorbeizirkulierende Rechnung entweder schon mehrmals geprüft worden ist oder noch von soundso vielen anderen Instanzen eingehend geprüft werden wird (dieses Beispiel ist tatsächlich aus dem Jahre 2006). Und niemandem ist letztlich ein Vorwurf zu machen. Jeder einzelne handelt im Grunde durchaus vernünftig. Sollten nämlich alle Beteiligten auf die Idee kommen, jede einzelne Rechnung vorschriftsmäßig sorgfältig zu prüfen, würde der gesamte Betrieb innerhalb kürzester Zeit zusammenbrechen, weil alle nur noch mit der Prüfung von Rechnungen beschäftigt wären. Die Lösung des Problems wird denn auch nicht darin bestehen, die einzelnen Mitarbeiter wegen mangelnder Arbeitsdisziplin zu verwarnen, sondern darin, die Vorschrift zu ändern.

Wenn Sie die Mehrdimensionalität Ihrer Organisation immer im Auge behalten und gleichzeitig auf wichtige Vernetzungen achten – bei der Beurteilung der *Ausgangslage,* bei der Gestaltung der *Projektarbeit* und bei der Gestaltung neuer *Konzepte–,* laufen Sie kaum Gefahr, wesentliche Einflussfaktoren zu übersehen. Sie werden Störfaktoren erkennen und beheben können, bevor Sie mit einem möglicherweise kostspieligen Projekt auf Grund gelaufen sind.

4. Grundsatz:
Beteiligung der Betroffenen

Sie haben mindestens drei gute Gründe, bei Veränderungsprozessen die betroffenen Mitarbeiterinnen und Mitarbeiter aktiv in die Projektarbeit sowie in die Entscheidungsvorbereitung einzubeziehen:
- *Bessere Entscheidungen – praxisgerechtere Lösungen*
Nur die unmittelbar Betroffenen kennen die Details und wissen, auf was besonders geachtet werden muss, damit die neue Organisation in der Praxis dann auch wirklich funktioniert.

- *Erzeugen von Motivation*
Wer an der Erarbeitung von Lösungen aktiv beteiligt gewesen ist, engagiert sich anschließend persönlich für deren Umsetzung.

- *Identifikation mit dem Unternehmen*
Wer aktiv in die Projektarbeit und in die Entscheidungsvorbereitung einbezogen wird, fühlt sich als Partner ernst genommen – und identifiziert sich persönlich mit dem Unternehmen.

Entscheidend ist allerdings, dass die Mitarbeiter von Beginn an – bereits bei der Analyse der Ist-Situation – aktiv einbezogen werden. Nur wer die Ausgangslage kennt und die Hintergründe versteht, kann sich mit Überzeugung hinter die Konsequenzen stellen.

Zwei besonders weit verbreitete Vorurteile möchte ich an dieser Stelle entkräften.

Vorurteil Nr. 1:
„Mitarbeiter beteiligen kostet viel Zeit – mehr Zeit, als man in der Praxis normalerweise zur Verfügung hat."
Jawohl, Mitarbeiter beteiligen kostet Zeit – mehr Zeit, als ein direktiver Alleingang in Anspruch nehmen würde. Aber: Diese Zeit wird während und nach der Realisierung um ein Mehrfaches wieder hereingeholt. Im übrigen kann man mit gut motivierten Mitarbeitern – wenn tatsächlich hoher Zeitdruck herrscht – durchaus flott vorankommen. In neun von zehn Fällen ist jedoch der hochnotpeinliche Zeitdruck von A bis Z hausgemacht: Die Führung hat über lange Zeit die Probleme anstehen lassen und im Vorfeld des Projektes dann auch noch die Entscheidungen verschleppt – und alle wissen das.

Vorurteil Nr. 2:
„Wenn jeder bei allem mitreden will, wird bei uns nur noch geredet, anstatt gearbeitet."
Irrtum: Die Mitarbeiter wollen überhaupt nicht bei allen Fragen mitreden. Sie wollen nur bei denjenigen Fragen mitreden, von denen sie selbst in ihrer täglichen Arbeit direkt betroffen sind und zu denen sie aufgrund ihrer Kenntnisse und Erfahrungen auch etwas Sinnvolles beitragen können. Es ist im Gegenteil eine wichtige Aufgabe der Führung, die Projektarbeit so zu organisieren, dass alle dort – und nur dort – beteiligt werden, wo sie persönlich etwas beitragen können und wollen.

5. Grundsatz:
Hilfe zur Selbsthilfe

Die Arbeit in Veränderungsprozessen beruht letztlich – bei aller notwendigen Führung – auf *dezentraler Selbstorganisation* der beteiligten Mitarbeiter und Mitarbeitergruppen. Die Projektarbeit vollzieht sich im wesentlichen im hierarchiefreien Raum. Gleichzeitig handelt es sich aber um innovative und damit um anspruchsvolle Arbeit – um *dispositive* und *konzeptionelle Aufgaben* außerhalb der täglichen Routine, nicht selten sogar außerhalb jeglicher bisheriger Ausbildung und Erfahrung. Dies macht Projektarbeit in der Regel für alle Beteiligten interessant und motivierend. Man lernt neue Fragestellungen kennen und wirkt bei der Gestaltung neuer Lösungen mit. Aber - man bewegt sich häufig außerhalb dessen, was man wirklich beherrscht. Man ist bis an die Grenzen der Kompetenz – und manchmal darüber hinaus – gefordert.

Nicht jeder hat im Laufe seiner bisherigen beruflichen Aus- und Fortbildung die Methodik von Problemlösungs- und Entscheidungsprozessen kennengelernt; für manch einen ist die Beschäftigung mit organisatorischen Strukturen und Abläufen völliges Neuland; und wer erstmals mit Kollegen aus ganz anderen Funktionen und Bereichen konfrontiert ist, muss möglicherweise zunächst so viel Neues aufnehmen, dass er gar nicht in der Lage ist, eigene Beiträge zu leisten.

Nicht jeder weiß, wie in einem Team ohne hierarchischen Leiter diskutiert und kooperiert werden muss; manch einer kennt keinen anderen Umgang mit Konflikten, als ihnen auszuweichen; der eine ist noch nie auf seine Unart aufmerksam gemacht worden, anderen ständig ins Wort zu fallen; der zweite traut sich nicht, in Gegenwart hierarchisch Höhergestellter eine abweichende Meinung zu äußern; und es gibt hochbezahlte Manager, die überhaupt nichts dabei finden, langfristig angesetzte und gemeinsam vereinbarte Sitzungstermine platzen zu lassen, weil sie gerade etwas besseres vorhaben.

Fast in jedem größeren Projekt kommt es vor, dass ein Mitarbeiter entgegen allen vorherigen Abmachungen von seinem Linienvorgesetzten für wichtige Projekt-Termine nicht freigegeben wird; dass ein Team für die Erfüllung seiner Aufgabe Mittel benötigt, die in keinem Budget vorgesehen sind; oder dass aufgrund äußerer Einflüsse Zielkorrekturen oder Terminverschiebungen vorgenommen werden müssen.

Kurz: Es gibt in jedem Veränderungsprozess und in jedem noch so gut organisierten Projekt immer wieder Situationen, in denen die Arbeit eines Teams verzögert oder blockiert wird – und die Teammitglieder mangels entsprechenden Know-hows oder eigener Kompetenzen nicht in der Lage sind, das Problem aus eigener Kraft zu lösen.

Die Führung muss deshalb von Anfang an drauf eingestellt sein, dann und dort, wo sich dies als notwendig erweist, unterstützend tätig zu werden.

6. Grundsatz:
Prozessorientierte Steuerung

Wo immer zur Herstellung eines Produktes komplexe Arbeitsvorgänge ablaufen, ist eine flexible Feinsteuerung erforderlich. In der Chemie müssen die Arbeitsprozesse im Hinblick auf die Kontinuität der Produktion ununterbrochen überwacht und reguliert werden. An allen kritischen Stellen sind Sensoren angebracht. Diese messen regelmäßig die vor Ort herrschende Drücke, Temperaturen und Mischungsverhältnisse. Die Messwerte werden durch fest installierte Feedback-Mechanismen in die Steuerungszentrale gemeldet. Kleinste Abweichungen von den Soll-Werten führen zu fein dosierten Korrekturen der Energie- oder Materialzufuhr. Und bei größeren Abweichungen wird die Produktion zurückgefahren oder ganz stillgelegt, damit es nicht zu einer ernsthaften Panne kommt.

Exakt darum geht es auch in Arbeitsprozessen, an denen Menschen beteiligt sind: um die *Dosierung des Tempos,* um die *laufende Entstörung,* um den sorgfältigen *Abschluss eines wichtigen Arbeitsschrittes, bevor der nächste in Angriff genommen wird.* Im Bereich der menschlichen Arbeit ist prozessorientierte Steuerung sogar noch viel wichtiger als im Bereich rein technischer Arbeitsvorgänge. Die Komplexität des menschlichen Wesens übertrifft diejenige einer Maschine um ein Vielfaches. Und wenn – wie dies bei Veränderungsprozessen der Fall ist – auch noch viele Menschen in wechselnden Rollen und Gruppierungen zusammenwirken, ist es schlicht nicht mehr möglich, immer vorauszusehen, wann an welcher Stelle ein Störfaktor oder ein Reibungsverlust auftritt. Da gibt es nur eines: die Hand am Puls des Geschehens halten – und steuernd eingreifen, wenn die Situation dies erfordert.

Zwei Faktoren machen das Geschehen im menschlichen und zwischenmenschlichen Bereich ebenso interessant wie schwer vorhersehbar: Erstens, Menschen sind zwar immer noch intelligenter als Computer, aber die Geschwindigkeit, mit der sie Neues aufnehmen und verarbeiten können, ist vergleichsweise begrenzt. Mit anderen Worten: Man hat es bei Veränderungsprojekten nicht nur mit *Arbeitsprozessen,* sondern immer auch mit *Lernprozessen* zu tun. Jeder Mensch und jedes Team haben ihre spezifische Lernkurve, die sich immer nur in der jeweils aktuellen Situation erkennen lässt. In einem Veränderungsprozess verkraftbare Schritte machen setzt voraus, dass man die beteiligten Menschen zwar fordert, aber nicht überfordert; dass man sie nicht durch forciertes Tempo „abhängt"; dass man ihnen Gelegenheit gibt, die einzelnen Arbeitsschritte zu „verdauen" und die innere Logik des Projektverlaufes nachzuvollziehen.

Zweitens, bei Menschen hat man es nicht nur mit sachlichen – und damit letztlich logisch erfassbaren – Zusammenhängen zu tun, sondern immer auch mit Emotionen. Was die Menschen innerlich bewegt – ihre Bedürfnisse und Interessen, ihre Hoffnungen und Befürchtungen, ihre Freude und ihr Ärger – beeinflusst ihr Verhalten weit mehr als alles, was äußerlich sichtbar zutage liegt. Wer mit Menschen arbeitet und sie für gemeinsame Ziele gewinnen will, muss auf ihre *innere Verfassung,* ihre *Gefühle* und ihre *Stimmungslage* Rücksicht nehmen. Dazu benötigt man keinen Zauberstab. Die Menschen geben von sich aus Signale, welche ihre emotionale Lage erkennen lässt. Aber man muss auf diese Signale achten, man muss sie ernst nehmen – und man muss bereit sein, einen Zwischenhalt einzuschalten, wenn plötzlich Spannungen auftreten oder auffallende Lustlosigkeit um sich greift.

7. Grundsatz:
Lebendige Kommunikation

Die meisten Menschen sind weder dumm noch widerborstig. Sie lassen sich verhältnismäßig leicht führen und machen auch bei unpopulären Maßnahmen erstaunlich bereitwillig mit – vorausgesetzt, sie haben die Ziele verstanden und als sinnvoll, oder sogar notwendig, akzeptiert. Dies bedeutet: Die Führung muss Überzeugungsarbeit leisten – und die Grundlage dafür ist lebendige Kommunikation, so wie es im Folgenden dargestellt wird.

- Information ist nicht Kommunikation
- Mit individuellen Kontakten und Teamgesprächen top-down in der Führungskaskade allein ist dies nicht zu schaffen
- Auch wenn reiner Informationstransport notwendig ist, müssen – wo immer möglich – interaktive Formen gewählt werden
- Bei größeren und umfassenderen Projekten muss ein eigenes Kommunikationskonzept erarbeitet werden
- Das allgemeine Interesse an der Projektarbeit muss konsequent wachgehalten werden.
- »Management by wandering around«
- Last but not least: Das Ganze muss auch Spaß machen!

8. Grundsatz:
Sorgfältige Auswahl der Schlüsselpersonen

Es gibt ein Gesetz, das jeder kennen muss, der in Organisationen etwas bewegen will: *Prozesse laufen über Personen.* Dies gilt ganz besonders für Entwicklungs- und Veränderungsprozesse. Bei allen großen Revolutionen und Reformbewegungen gibt es den einen oder die wenigen, ohne die die Geschichte anders geschrieben worden wäre. Und es sind immer einige wenige, die die Dinge in einem Sportclub, in einer Dorfgemeinde oder in einem Betrieb voranbringen. Die große Mehrheit kann durchaus für eine Idee gewonnen werden – von den Vordenkern und Vorreitern. Aber sie bewegt sich nicht von selbst.

Wenn Sie etwas verändern möchten, sollten Sie sich bereits im Vorfeld drei Fragen stellen:
1. Wo sind die wichtigsten potentiellen „Verbündeten", mit denen man gemeinsame Sache machen kann?
2. Wo sind die „Opinion Leaders", die für die Idee gewonnen werden müssen, wenn die Mehrheit mitziehen soll?
3. Wer hat das Zeug dazu, den Veränderungsprozess – oder wichtige Arbeitsschritte – zu leiten?

In der Praxis werden diese drei Schlüsselfragen leider allzu häufig gar nicht erst gestellt. Da werden Mitarbeiter zu Projektleitern gemacht, weil sie gerade anderweitig nicht allzu stark belastet sind, oder weil man ihnen – als „Bonbon" für geleistete Dienste oder als Impuls für die individuelle Entwicklung – „doch mal die Leitung eines Projektes übergeben könnte". Und bei der Besetzung eines Projektkoordinationsteams wird gefragt: „Wer alles sollte hier vertreten sein oder berücksichtigt werden, damit die Kirche im Dorf bleibt?" Das einzige entscheidende, nämlich die Eignung, ist überhaupt kein Thema. Resultat: Das Projekt wird in den Sand gefahren.

Tipps und Regeln

Bitte beachten Sie:

Tipp 1:   *Klar definierte Ziele*

Tipp 2:   *Handverlesene Auswahl der Schlüsselleute*

Tipp 3:   *Beteiligung der Betroffenen bei der Erreichung von Lösungen*

Tipp 4:   *Realistische Zeitplanung*

Tipp 5:   *Sorgfältige Vorbereitung und „Kick-Off-Phase"*

Tipp 6:   *Lieblingsideen als erstes auf den Tisch*

Tipp 7:   *Sensible und flexible Steuerung des Prozesses*

Tipp 8:   *Konstruktiver Umgang mit Widerstand*

Tipp 9:   *Konflikte offen legen und bearbeiten*

Tipp 10: *Offene Information und lebendige Kommunikation*

9.2. Checken Sie Ihre persönliche Qualifikation fürs Change Management

Als Führungskraft ist man nicht gleichzeitig auch qualifiziert, Veränderungsprozesse durchzuführen. Die Bedeutung folgender Fähigkeiten werden mit zunehmender Organisations- oder Abteilungsgröße immer wichtiger.
Um diese Fähigkeiten zu entwickeln, sollten Sie Ihre Stärken und Schwächen kennen. Sie sollten aber auch diese Kompetenzen im Führungsalltag immer wieder bewusst üben, um so immer mehr Sicherheit zu erhalten.
Haben Sie den Mut zu einer ehrlichen Selbsteinschätzung.

A) Persönliche Eigenschaften	--	-	OK	+	++
1. Gesunde psychische Konstitution (Selbstvertrauen, Stabilität, Belastbarkeit)	□	□	□	□	□
2. Positive Grundhaltung (optimistische, konstruktive Grundhaltung	□	□	□	□	□
3. Offenheit und Ehrlichkeit (direkt, spontan, echt)	□	□	□	□	□
4. Bereitschaft Verantwortung zu übernehmen (persönliches Engagement)	□	□	□	□	□
5. Partnerschaftliche Grundeinstellung (vs. elitär, hierarchisch, autoritär)	□	□	□	□	□
6. Mut zur persönlichen Stellungnahme und zur Entscheidung (Zivilcourage)	□	□	□	□	□
7. Verbindlichkeit (Einhaltung getroffener Vereinbarungen)	□	□	□	□	□
8. Intuition (Zugang zu eigenen Emotionen haben)	□	□	□	□	□
9. Realitätsbezogen (Sinn für das Machbare)	□	□	□	□	□
10. Humor (Fähigkeit, sich selbst und andere zu entspannen)	□	□	□	□	□

B) Besondere Fähigkeiten   --   -   OK   +   ++

11. Klima der Offenheit und des Vertrauens schaffen kön-   □ □ □ □ □
    nen

12. Gut zuhören können   □ □ □ □ □
    (aktives zuhören)

13. Menschen überzeugen und begeistern können   □ □ □ □ □
    (Motivation und Identifikation erzeugen)

14. Integrationsfähigkeit   □ □ □ □ □
    (Menschen in Teams zusammenführen können)

15. Konfliktfähigkeit   □ □ □ □ □
    (sich abgrenzen und auseinandersetzen, sowie andere
    konfrontieren können)

16. Prozesskompetenz   □ □ □ □ □
    (Fähigkeit Entwicklungsvorgänge zu verstehen und zu
    steuern)

17. Chaos-Kompetenz   □ □ □ □ □
    (Fähigkeit, in turbulenten, hochkomplexen Situationen
    handlungsfähig zu bleiben)

18. Strategische Kompetenz   □ □ □ □ □
    (Fähigkeit, komplexe Zusammenhänge zu erfassen und
    handlungsrelevante Konsequenzen daraus abzuleiten)

19. Interkulturelle Kompetenz   □ □ □ □ □
    (Fähigkeit, in unterschiedlichen sozialen Feldern zu ar-
    beiten)

20. Klarheit im Ausdruck   □ □ □ □ □
    (Klarheit des Denkens, Prägnanz der Formulierungen,
    einfache und allgemeinverständliche Ausdrucksweise)

C) Spezifische Erfahrungen   -- - OK + ++

21. Selbsterfahrung   □   □   □   □   □
     (intensivere, längerdauernde Auseinandersetzung mit der ei-
     genen Person)

22. Einzelberatung   □   □   □   □   □
     (Beratung, Begleitung, Coaching, von Einzelpersonen)

23. Teamarbeit und Teamentwicklung   □   □   □   □   □
     (Leiten und entwickeln von Kleingruppen)

24. Großgruppen-Moderation   □   □   □   □   □
     (Gestalten und Leiten von Arbeitstagungen mit großem Teil-
     nehmerkreis)

25. Projekt-Management   □   □   □   □   □
     (Organisieren und Leiten von Projekten)

D) Spezifisches Fachwissen   -- - OK + ++

26. Psychologisches Basiswissen   □   □   □   □   □

27. Betriebswirtschaftliches Basiswissen   □   □   □   □   □

28. Systemtheorie / Chaos-Theorie   □   □   □   □   □

29. Gruppendynamik   □   □   □   □   □

30. Organisationslehre   □   □   □   □   □

31. Organisationspsychologie   □   □   □   □   □

32. OE-Ansätze (Konzepte, Strategien)   □   □   □   □   □

33. OE-Interventionen   □   □   □   □   □
     (Instrumente, Methoden, Verfahren)

10. Weiterführende Literatur

- Mythos Motivation; Reinhard K. Sprenger, Frankfurt 2007
- Die Entscheidung liegt bei Dir, Reinhard K. Sprenger 2004
- Das Prinzip Selbstverantwortung, Reinhard K. Sprenger 2007
- Führung von Mitarbeitern; Rosenstiel., Stuttgart 1991
- Ziele vereinbaren – Leistungen bewerten; Elisabeth v. Hornstein, München 2000
- Führen – Leisten – Leben; Fredmund Malik, Stuttgart 2001
- Managementkompetenz für Führungskräfte, F. Jetter Hrsg.: Lit Vlg. Hopf, Münster 2001
- Neue Mitarbeiter erfolgreich integrieren, H.-J. Kratz: Ueberreuter Wirtschaft 1997
- Personalentwicklung, W. Mentzel: DTV-Beck 2004
- Mensch, Manager, Peter-Christian Patzelt: Verlag Schöne Plaik 2005
- Professionell Führen, Bernd Wildenmann:Luchterhand 2005
- Change. Umgang mit Veränderungen, Michael Mary, Bastei Lübbe 2004
- Change-Management als Chance, Michael Mary, Orell Füssli 2003
- Unternehmens Fitness, Jörg Knoblauch u.A, Gabal management 2001
- Gesprächs- und Vortragstechnik, Bernd Weidenmann, 2004 Beltz Verlag
- Konstruktiv lernen, Bernd Heckmair, 2005 Beltz Verlag

Einige Veröffentlichungen von Dr. Albrecht Müllerschön:
- Bewerber professionell auswählen, Albrecht Müllerschön, Beltz 2005
- Die Bewerbungsunterlagen-Vorauswahl, Albrecht Müllerschön, Management Circle 2007
- Führungsverhalten-Checkliste, Albrecht Müllerschön, www.muellerschoen-focus.de, 2003
- Mitarbeiterführung, Albrecht Müllerschön, Die Kanzlei, 8/2002
- Suche nach Mitarbeitern, Albrecht Müllerschön, www.muellerschoen-focus.de, 2005
- Professionelle Bewerberinterviews, www.zfu.ch, 10/2003
- Professionelle Bewerberinterviews mit Führungskräften, Unternehmermagazin, 11/2001
- Erfolgreich und doch angezweifelt – AC-Verfahren in der Praxis , KMU 11/2001

expert**verlag**®
Erlesene Weiterbildung®

Dr. Werner Siegert

Konferenz mit Ziel und Effizienz

Sparen Sie viel Zeit und Geld!

2007, 118 S., € 28,80, CHF 49,30
Praxiswissen Wirtschaft 110
ISBN 978-3-8169-2699-3

Zum Buch:
Untersuchungen haben ergeben, dass Führungskräfte 50 bis 90 Prozent ihrer Arbeitszeit in Besprechungen, in Konferenzen und auf Reisen zu und von Konferenzen verbringen.
Was kommt dabei heraus? Ein äußerst mageres Ergebnis! Schleppende bis fehlende Umsetzung von Beschlüssen, wenig präzise Maßnahmenkataloge, vertagte Entscheidungen. Dafür stapeln sich die liegengebliebenen Arbeiten auf den Schreibtischen der genervten Teilnehmer.
Eine Faustformel besagt, dass die Konferenzkosten mittlerer und erst recht größerer Organisationen den addierten Bruttojahresgehältern aller Führungskräfte entsprechen.
Einsparungen von 30, ja 50 Prozent der Konferenzkosten sind möglich, bei gleicher oder sogar erheblich erhöhter Effizienz. Das Buch verrät wie. Der Leser ist aufgefordert, aktiv die Verbesserungsmöglichkeiten zu erkunden und zu realisieren. Im Hintergrund steht die provokante These: Die höchste Ersparnis erbringt die vermiedene Konferenz!

Inhalt:
Der Ist-Zustand ... und was er vermutlich kostet – Die mögliche Ersparnis – Das strategische Vorgehen – Die Meta-Konferenz – Management-by-Philosophy – Tagesordnungspunkte oder Ziele? – Konferenz-Erfolg mit Management – Der Leser als Ko-Eff-Berater – Konferenzvorbereitung – Konferenz-Ziele – Konferenz-Planung – Konferenz-Organisation – Das Protokoll – Konferenz-Beginn – Wie geht man mit schwierigen Teilnehmern um? – Konflikte steuern – Grundregeln konstruktiver Kommunikation – Visualisierung und Medien – Kreative Konferenzen – Die richtige Pause – Entscheiden im Team – Die Telefonkonferenz – Die Videokonferenz – Nach der Konferenz

Fordern Sie unser Verlagsverzeichnis auf CD-ROM an!
Telefon: (0 71 59) 92 65-0, Telefax: (0 71 59) 92 65-20
E-Mail: expert@expertverlag.de
Internet: www.expertverlag.de

expert verlag GmbH · Postfach 2020 · D-71268 Renningen